自然史

〔法〕布封◎著　陈筱卿◎译

Histoire Naturelle

北京联合出版公司
Beijing United Publishing Co.,Ltd.

导 读

　　布封是十八世纪法国著名的作家、博物学家。他出生在孟巴尔城一个律师家庭，自幼爱好自然科学。1728年大学法律本科毕业，之后又学了两年医学。1730年，和一位年轻的英国公爵一起在法国南方、瑞士和意大利游历。布封受到了这位公爵的家庭教师、德国学者辛克曼的影响，刻苦研究博物学。并在1733年，进入法国科学院任助理研究员。在这期间发表过几篇有关森林学的报告，翻译了英国学者的植物学论著和牛顿的《微积分术》。1739年，当上了法国科学院数学部的副研究员，紧接着被任命为皇家御花园和御书房总管。布封任总管后，建立了"法国御花园及博物研究室通讯员"的组织，吸收了许多著名专家、学者和旅行家，收集了大量的动、植、矿物样品和标本。布封在这种优越的条件下，潜心研究，穷尽毕生精力写出三十六册的皇皇巨著——《自然史》。

　　1748年，布封就开始着手《自然史》的写作，公布了写作的计划和纲要。之后的四十年间，他出版了总数达三十六卷的《自然史》。该书一出版，立即就引起了整个欧洲学术界的注意。《自然史》全书包括地球史、人类史、动物史、鸟类史和矿物史等几大部分，作者以事实材料为基础，对自然界作了精确、详细、科学的描述和解释，提出许多富有远见的观点。在书中，布封坚持用唯物主义观点来解释地球的形成和人类的起源，给各种宗教迷信和无知妄说以有力的打击，被达尔文称为以科学眼光对待物种进化问题的第一人。

　　不但科学界注意到了这部巨著，文学界也对它产生了浓厚的兴趣，因为《自然史》具有很高的文学价值，书中描绘动物活动形态的部分十分富有艺术性。作者在科学观察的基础上，通过拟人的手法，用形象生动的语言刻画出了一幅幅细致活泼的动物肖像，引得无数文学爱好者也沉醉其中。当然这些绝非是布封一人之力，其中有些优美的篇章出自他的合作者之手，有些资料来自他人的通信，但是每一篇文章都必须经过他的审阅和修改，来保证风格的一致，然后才会署上他的名字。在布封写作《自然史》的四十年间，有些篇章前后经过了无数次的修改，可以说，这部著作是经过他呕心沥血才得以完成的精品。

1753年，布封被选为法兰西学院院士。在入院演说《论风格》中，他提出了"风格乃是人本身"这一著名文学理论，强调了思想内容对艺术形式的决定作用。法国作家福楼拜说过："我不禁感到惊喜，我从布封先生《论风格》的箴言里发现了我们不折不扣的艺术理论。"

布封说："所谓'天才'，只不过是一种拥有耐性的天资而已。"他的确是一个能够忍耐的人，年轻时，有时候凌晨两点钟从巴黎回到蒙巴尔，清晨五点钟仆人就会摇醒他，让他起床，因为他对仆人下过命令，即使受到他的斥责，也非要将他弄醒不可。凭借着这种非凡的忍耐力，布封才取得了一项又一项研究成果。布封和孟德斯鸠、伏尔泰和卢梭一起被称为法国启蒙运动的四位巨人。1777年，法国政府在御花园里给他建立了一座铜像，座上用拉丁文写着："献给和大自然一样伟大的天才。"这是布封生前获得的最高荣誉。

本书精选了《自然史》中最经典的部分，并且按照作者写作的年代顺序进行了编排，浓缩了《自然史》的内容，既保留了其精华之处，又相对完整地呈现其结构风貌。书末还收录了埃罗·德·塞歇尔的《拜访布封——蒙巴尔之行》，在文中埃罗幽默地描述了布封在居所的生活和两人之间的对话，既揭示了布封在科学和文学领域的超人天赋，又坦言其弱点和缺陷。对我们深入了解布封这位伟大人物会有很大的帮助。

目　录

I

世界史（1778 年）

论研究与论述自然史的方法

一般自然史和特殊自然史，第一次宣读（1749 年）

纵观自然史就会看出它是一部涉及面极广的历史，囊括着宇宙向我们展示的所有事物。四足兽、鸟类、鱼类、昆虫、植物、矿物等为好奇的人类思想描绘了一幅广阔的画面，这幅画巨大无比，好像而且确实是内容丰富至极。自然史的一个部分，比如昆虫史或植物史，就足以让好多人去研究，而最优秀的观察者经过多年的研究，也只能提供一些粗浅的介绍，何况他们还只是研究自然史的一个支脉而已。不过，他们倒也是尽其所能了，我们不会去责怪这些观察者，不会责怪他们对科学的发展贡献太少，相反我们会感谢他们的孜孜不倦的工作和耐心，我们甚至会盛赞他们的高贵品质和才能，因为在这众多而繁复的事物中能够静下心来去研究大自然，并且认为自己有能力弄明白，并对它们进行比较，就必须具有一种天才的力量、一种勇敢的精神，而且要怀有一种兴趣去喜爱它们，这种兴趣要大于只关注一些个别事物的兴趣才行。我们可以说，对研究大自然的热爱在思想上要具有两种似乎相互对立的精神，即一眼看尽所有事物的伟大天才的宏观观念，和只关注一点的勤奋本能的细致入微。

在研究自然史的过程中呈现出的第一个障碍源于世间万物种类繁多。

但是，这些相同的事物的不同种类以及将不同气候条件下的不同"产品"聚集在一起的难度，给我们的认识设置了又一个障碍，尽管我们的认识能力是不可战胜的，但是，光靠工作又确实难以克服这一障碍。只有假以时日，细心观察研究，大量付出，而且往往还得机缘巧合，我们才会获得每一个动物品种、植物品种或矿物品种，把大自然的所有"杰作"分门别类地收藏在一起。

但是，当人们终于把世间万物的一些样品聚拢在一起的时候，当人们经过千辛万苦把散布在大地上的所有事物的模型放在同一个地方的时候，当人们第一次向这个装满了各种不同的、新颖的和陌生的事物的"仓库"看上一眼的时候，由此而产生的第一个感觉是夹杂着赞叹的惊诧，而随之而来的第一个反应是我们对自身深感羞辱。我们想象不出我们能够随着时间的推移，终将认识所有的这些各不相同的事物，想象不出我们不仅最终能够从形状上认识它们，而且还能够了解到与它们的出生、繁殖、组织结构、用途，总之与每个个体的历史相关的所有一切。然而，由于与这些事物朝夕相处，经常看见它们，而且是不怀有任何目的地去观看它们，熟悉它们，渐渐地，它们便形成了一些持久的印象，而且这些印象很快便在我们的头脑里，通过一些固定不变的关系，形成关联。因此，我们的观念进步了，视野也开阔了，我们可以同时把好多各不相同的事物聚拢在一起。到了这个时候，我们就能够有序地进行研究，富有成果地进行思考，并且能够开辟出一些道路，获得一些有益的发现。

我们应该从多看、反复地看开始。尽管关注一切是必要的，但是，这时候，我们可以先别太仔细地去观察。我说的是别观察得细致入微，毫发不漏，当然，如果我们掌握得多了之后，仔细观察总是有益的，但是这样做对刚开始学习的人，反而是有百弊而无一利的。重要的是要用一些观点和事实去武装初始者的头脑，如果可能的话，要阻止他们过早地从中得出一些推理和关系，因为他们往往会因不了解某些事实，而且观点也不完备，而被一些虚假的组合搅得晕头转向，脑子里塞满了空泛的、违背真理的结果，而这些结果随后将在他们的头脑里形成一些偏见，很难抹去。

正因为如此，我才说从多看开始。还必须几乎是不带任何目的地去看，因为如果你决定只带着某种观点，只按照某种程序和顺序去观察事物的话，即使你观察的路子是最佳的，你也永远达不到你所想达到的认识高度，而如果你能够在开始时任随你的思想自由驰骋，自己去辨识，自己独自去确定，自己独自去组织思维顺序的初始链条，那么，你的认识就会既广阔又深邃。

对于所有思想成熟，已具有推理能力的人来说，这一点都是千真万确的。而年轻人则相反，还是应该有人指导，对他们及时地提出建议，甚至必须用科学中有趣的东西去激发他们，让他们注意最特别的事物，但却不应把确切的解释告诉他们。在他们这种年龄，神秘性会激起他们的好奇心，等到他们成熟之后，再这么做只会让他们心存反感。小孩子对已经见过的东西很容易生厌，让他们再看时，他们就会漫不经心，除非你让他们从另一些角度去看同样的事物。与其简单地跟他们重复你已经跟他们说过的东西，倒不如在其中添枝加叶，哪怕是加一些陌生的或无用的东西进去。骗骗他们总比让他们心生厌恶损失要小一些。

当他们把那些东西看了好多次之后，他们会开始大体上了解它们，会对它们进行分门别类，会开始发现一些普遍的区别，对科学的兴趣便油然而生，这时必须帮助他们提高这种兴趣。这种对一切都不可或缺同时又罕见的兴趣，并不是靠训诫才产生的。无论是教育也好，父母的逼迫也好，都永远无法让孩子产生这种所有的人都共同具有的兴趣，都永远无法让孩子具备一定的智慧和记忆力，满足社会和普通事情的需要。但是，我们所说的这种最初的智慧火花，这种随后将根据不同环境和不同事物，而或多或少地有所发展的兴趣的萌芽，是大自然赋予我们的。

因此，我们应该向年轻人介绍各种各样的东西、各种各样的研究材料、各种各样的事物，以便让他们投入更多的精力或者更加感兴趣地投入到他们想要去探索的东西中去。自然史也该向他们介绍了，因为这一时刻正是他们的理性开始增长的时刻，他们的年龄正是开始相信自己已经知道很多事情的年龄。没有比打压他们的自尊心，使他们感觉到自己还有很多东西不得而知更有效了。在他们刚尝到点学习的甜头的时候，让他们学习哪怕是一点点自然史，也将提高他们的思维能力，让他们获知一般人所不知道的，而日常生活中往往又一再出现的无穷无尽的事物。

不过，让我们还是回到想要认真研究大自然的人身上来吧，让我们把他从我们放下的那个地方找回来吧，当时他已开始归纳他的思想，开始给自己找出一种梳理的方法和阐释体系：正是在这个时刻，他应该听听有知识的人的意见，读读优秀作者的书籍，研究研究他们的不同的方法，借鉴各个方面的智慧。但是，由于通常人们这时会对某些作者、某些方法，有所偏爱，充满兴趣，而且往往不假思索地投入到有时候并不牢固的体系中去，所以我们最好是在这里提供几个初步的、人们设想的概念以方便对自然史的了解。如果使用得当，这些方法是很有用的，它们可以简化你的劳动，帮助你记忆，给你的脑子，和由彼此各不相同的事物组成的真相提供一系列的观念，而它们之间又存在着共同的关系，这些关系又形成一些强烈的印象，这是彼此不相关联的、分散的事物所无法给予的。这就是这些方法的主要优点，但是，其弊端是想要将"链条"拉得太长、太紧，想要将自然规律置于一些武断的规律之下，想要将自然在不能分割的各个点进行分割，想要通过我们微弱的想象力去测试自然的力量。另一个不小的而且是与前一个恰恰相反的弊端是，屈从于一些过于特别的方法，想要以点概面，以偏概全，把大自然压缩到一些与它无关的小的体系，并且用大自然的无穷无尽的杰作武断地进行一些零散的聚合，最终，通过增多名称，扩大介绍，使得科学语言比科学本身都更加难懂。

我们自然会倾向于整体地去思考一个种类及其一致性的。当我们只是粗略地去研究大自然的那些杰作时，乍看上去，似乎大自然始终是按照同一个计划在工作的。由于我们自己只知道一种达到目的的路径，我们便深信大自然是在通过那些同样的方法以及一些类似的运作在制造一切，运作一切。这种思考方法使人想象出自然界的繁殖中无尽的虚假的关系：将植物与动物相比较；人们以为矿物像植物一样生长，它们那极其不同的结构和它们毫不相似的机械性往往被缩减为同一种形式。所有这一切极不相同的事物间的这种共同的"模子"[1]并不是存在于大自然之中，而更多的是存在于并没有了解大自然的那些人的褊狭的头脑之中，这些人很少懂得判断一种真理的力量，也不知道掌握一种类比的正确界线。难道我们应该从植物的已知的生长得出结论说矿物也在相同地生长着吗？血液在流动因此汁液也在流动吗？汁液在流动因而有石化作用的火山顶也在流动吗？这难道不是在往造物主的杰作的真实性中装进我们褊狭头脑产生的抽象概念吗？这难道不是在把我们的种种观念强加于造物主吗？我们天天都在说一些不太有根据的事，而且还根据一些不确定的事情搞出一些体系来，而我们对这些体系从未研究过，它们只是用来展示我们的爱好，想要在最不同的那些事物中找到一点相似性，想要在纯粹的多样性中找到一点规律性，想要在人们只是模模糊糊地看见的事物中找到一点条理性。

当我们并不停留在肤浅的认识上时，这只可能给我们带来一些对大自然的生产和活动的不完全的观念，我们想要更加深入一些，仔细地研究大自然的杰作的形状和规律时，我们对计划的多样性和执行手段的繁复性都感到很惊讶。大自然的杰作的数量尽管数不胜数，但也只是我们的惊讶中最小的一部分。它的机械性、它的艺术性、它的源泉甚至它的混乱，让我们赞叹不已。人的脑子在大自然这么多的杰作面前简直是太小、太不够用了，只有屈服的份儿：似乎一切可能存在的都存在着；造物主

---

[1]　"模子"是布封理论中起决定性作用的概念。

的手好像并不是张开来送给我们人类一定数量的物种，它似乎同时地把一个相关的和不相关的生物世界提供给了我们，把一个无穷无尽的、和谐的和矛盾的组合，和一个永无止境的毁灭与再生提供给了我们。这个场面给予了我们一个多么强有力的观点啊！这种对宇宙的看法怎么能使我们对造物主不顶礼膜拜呢？如果指引着我们的那个微弱的光亮变得较为强烈，使我们看到因果之间总的依存关系的话，那会怎么样呢？不过，最睿智的头脑和最博大的才智也永远达不到这种认识高度，因为最初始的那些原因我们永难得知，而那些原因的总的结果也像原因一样让我们实难明了。对我们来说，有可能的就是发现几个个别的结果，加以比较，把它们组合起来，最后找出一个与我们自己的本质相关的，而非符合我们所理解的事物存在的一个规律来。

但是，既然这是向我们敞开的唯一的道路，既然我们没有其他办法可以认识自然，那我们就必须沿着这条指引着我们的道路走到底，我们就必须把所有的事物集中起来，加以比较，进行研究，从它们组合的关系中找出能帮助我们清楚地看到它们，更好地了解它们的所有的线索。

从这种对大自然的严肃认真的研究中得到的第一个真相，也许对我们人类来说是一种羞辱的真相。这是因为我们人类也得归入到动物类，因为人类在物质方面全都与动物相仿，甚至动物的本能让人觉着也许比人的理性要更可靠，而它们的本领甚至比人的本领更加了不起。

Animal

[dong wu]

动　物

动物与世界

动物与植物的比较（1749 年）

在我们刚刚描述过的这个宽阔无边的地球向我们展示的那么多事物中，在地球表面上聚集着、覆盖着的无数的"产物"中，动物无论是在同我们的适应性方面，还是我们所熟知的它比植物或无生命的东西更高级的方面，都占据着首要的地位。动物因其感官、形体、动作而与它们周围的事物有着更多的关系，而植物则没有这些关系。植物因其演化、形状、成长和它们的不同的部分而与外界的事物有着比矿物或石头这些没有任何生命和运动的东西多得多的关系。而正是因为这许许多多的关系，动物才货真价实地居于植物之上，植物又居于矿物之上。而我们人类，若是只从身体的物质部分来看，我们只是多了某些关系，因而优于动物，比如我们的舌头和手所提供给我们的那些关系。尽管造物主所创造的杰作的本身都同样是完美的，但是，按照我们观察的方法，动物是大自然中最完美的作品，而人类则是其作品中的精品。

确实，蕴藏在组成一个动物躯体的这个小小的物质部分里的是多大的能量，多大的力量，多少的机件，多少的运动啊！其各个部分又是多么紧密相关，多么协调，多么相互配合啊！其中又有多少的组合，多少的安排，多少的因，多少的果，多少的原则在致力于同一个目的，而我们只是通过一些极难明白的结果去了解这一点，而它们又因为我们习惯于根本就不去考虑它们而成为最奇妙的杰作。

然而，无论我们觉得这一作品如何令人赞叹不已，但最大的奇迹并不在于个体之中，而是在物种的连续性、更新性和持久性中大自然表现出的完全令人不可思议的一面。这种存在于动物和植物中的生产其同类的才能，这种始终存在着并且似乎永存的统一性，这种永远不会消失的生育才能，对于我们来说是一种神秘，我们似乎是无法探清其个中原委的。

无生命物质，诸如我们脚下的石头、黏土，也有一些特性，单单其存在便可知其数量之大，而无机物按照其存在来说，仍旧与自然界的所有其他事物有所关联。我们不会学一些哲学家那样，说什么物质无论其形式如何，都了解其存在及其相对的才能，这个问题是一个形而上的问题，我们不想在这里讨论它，我们只是想让大家感觉到，由于我们自己对我们能够与外界事物有着的各种关系不甚了解，所以我们不应该怀疑无生命物质也对各种关系毫无感觉，另外，我们的感觉无论怎样都与引起感觉的那些事物不相仿，我们应该通过类比得出结论，认为无生命物质既无感情，又无感觉，也不知其自身的生存，而硬要说它们具有这些才能的话，那就等于是赋予它们与我们几乎一样的思维、行动和感觉的才能，这既为理性所不容也为宗教所斥责。

我们应该说由于我们是由泥土和尘埃构成的，所以我们确确实实是与泥土和尘埃有着共同的关系，这种关系把我们与总体上的物质联系在一起，但是，因为我们看不清这些纯物质关系，因为它们在我们体内并未产生任何印象，因为它们并未由于我们的参与而生存着，而且在我们生前或死后，它们依然存在着，根本就不影响我们，我们无法认为它们参与到我们的存在中，因此是生物结构、生命、灵魂让我们生存着，而在这种观点下，物质并非我们生存的主因而是次要原因，它们是一种陌生的包装，其组合我们并不知晓，而其存在又是于我们有害的。这种构成我们生存的思路也许

是完全独立的 [1]。

因此，我们并不知道自己是怎么活着的，而且我们虽然在思考但却并不知道其就里，但是不管我们的存在或感觉的方式是什么，不管我们的感觉是对还是错，是表面的还是真实的，反正这些同样的感觉的结果却仍旧是肯定无疑的。存在于我们心中的这种思维方式，这种一连串的思考，尽管与引发它们的事物极不相同，但仍不失为我们个体的最真切的感受，仍然使我们感到与外界事物有一些关联，而我们可以将这些关联看作真实的，因为它们始终如一，于我们而言，始终是相同的。因此，我们不应该怀疑我们所发现的事物之间的不同或相似，在与这些事物相关的我们的存在范畴中，是肯定的和真正的不同与相似。我们可以合理合法地把自己排在大自然中的第一位。我们应该将动物排在第二位，把植物排在第三位，把矿物排在最后一位。因为尽管我们并不很清楚我们在兽性方面的长处，并不很清楚我们在我们灵魂的精神性方面所具有的长处，但是我们却不能怀疑动物像我们一样拥有相同的感觉，因而具有与我们相同的生命和运动的本原，而且它们能够做出许许多多的与我们相类似的动作，所以它们与外界事物有着与我们相同的一些关系，因此我们与它们在许多方面都很相像。我们与植物有很大的不同，但是，我们与植物的相像程度要大于植物与矿物的相像程度。这是因为植物有着一种活生生的形态，和充满生命力的组织结构，有着一种在某种程度上与我们相像的形态，而矿物则连任何器官都没有。

另外，动物与植物之间的最通常的、最明显的区别就是形态的区别。动物的形态尽管千差万别，但与植物的形态却完全不同。尽管珊瑚虫像植物一样繁殖，但仍然可以看出它与植物之间的不同，不仅在繁殖的方式方法上有所不同，而且在外形上也不尽相同，所以还是不难辨别的。动物确

---

[1] 布封在这里指的是笛卡儿主义的灵魂与躯体的二元论。

实能够创制一些与植物或花儿一样的作品，但是植物却永远无法创造出与动物相似的作品来。那些能制作和生产出珊瑚来的了不起的昆虫，不会被误认为是花儿的，即使人们出于毫无根据的偏见也不会把珊瑚看作植物。因此，人们在把植物的形态与动物的形态相比较的时候可能犯的错误，也只涉及很少的一些动物性与植物性差别不大的事物，而且我们越是仔细地观察，我们就越是坚信造物主在动物与植物之间并没有明确地划定界线，而这两种有机物具有许多共同的特性，远远大于它们之间真正的差别。而且我们还相信，动物的生产比植物的生产对大自然来说花费不多，甚至花费更少。一般来说，有机物的生产让大自然所费的代价几乎等于零。所以可以说，活的、有生命的事物并不是事物的一种超验的程度，而是物质的一种有形的特性。

人与动物

家畜（1753 年）

人通过改变动物的自然状态而强迫动物服从于自己，让它们为自己服务。一头家畜就是人们娱乐、使用、奴役的奴隶，人们使之衰退，使之迷惘，使之变性，而野生动物则只服从于大自然，只知道需求和自由的原则而不知其他任何规则。一头野生动物的历史只局限于大自然中的一部分情况，而一头家畜的历史则极其复杂，与人们为了驯化它或制服它而使用的手段全都有关。由于我们并不太清楚训诫、强制、习惯力量到底对动物的影响能有多大，到底能在多大的程度上改变它们的活动、性格、爱好，所以一个博物学家的目的应该是好好地观察它们，以便能够区别哪些情况是取决于它们的本能的，哪些情况只是源自驯化的。我们应该了解哪些是属于它们自身的，哪些又是它们学来的，应该区别它们自己做的和人们教它们做的，而绝对不可混淆动物和奴隶，家畜和上帝的创造物。

人类对动物的统治是一种合法的统治，是任何革命所无法摧毁的，这是精神对物质的统治，这不仅是一种自然权利，一种建立在一些永恒不变的原则基础上的权力，而且还是一种上帝的恩赐，人通过这种恩赐随时都能知道自己的优越，因为人并不是因为他是他所指挥的动物中最完美、最强大或最机灵的，如果他只是在同一种属中占有第一位的话，那么占有第二位的动物就会聚集起来与之争夺霸权,人只是通过天赐的优越才占有着统治地位,号令一切。人有思想,因此他便成了根本没有思想的所有生物的主宰。

人是无生命物质的主宰,后者只能以自身的沉重的抵抗力以及一种极其坚硬的硬度来与人对抗,而人却可以让它们相互对抗去克服它们,战胜它们。人是植物的主宰,人凭借自己的聪明才智能够增多、减少、更新、改变、摧毁或无穷尽地扩大它们。人是动物的主宰,因为人不仅像动物一样有运动和感情,而且还有清晰的思维,知道自己的目的和手段,知道指挥自己的行动,协调自己的行动,安排自己的行为,用智慧战胜力量,以巧用时间代替速度。

因此,人是通过智力而非强力或物质的其他特性制服动物的。初始时期,大家大概全都是独立的,而人在变得残忍和罪恶之后,就很少能驯化动物了,必须假以时日才能接近它们。为了了解它们,为了挑选它们,为了驯服它们,人就必须自己变得文明,才能驯化、指挥它们,而对动物的统治,如同对其他一切的统治一样,只是在人成为社会人之后才确定下来。

人从社会汲取力量,人通过社会来完善自己的理性,锻炼自己的思维,聚集自己的力量。从前,人也许是最野蛮的动物,但又是动物之中最不可怕的,因为当人赤手空拳、居无定所之时,大地对于人来说只是一个无数野兽出没的广阔荒漠,人往往成为野兽的猎物。甚至在很久很久之后,历史告诉我们说,第一批勇士就是敢于杀死野兽的人。

不过,随着时间的推移,人类繁殖很快,分布甚广,并因得益于技艺和社会,人类能够强有力地走向四方,征服世界。渐渐地,人类将野兽挤到偏远之处,并侵占了巨兽的领土(我们今天仍可看到它们的巨大遗骸)。人类将凶恶而有害的种属消灭掉或者使它们的头数减少到最小;人类利用动物消灭动物,巧妙地制服一部分动物,用武力驯服另一部分动物,或者将它们驱散。人类通过一些理智的手段打击它们，终于使自己处于安全的地位，并建立起自己的王国，除了到达不了的地方，比如偏远的地方、沙漠地带、冰山峡谷、漆黑的洞穴，人都占据着主导地位。在人类无法到达的这些地方，只藏匿着很少的一部分无法驯服的动物。

野兽（1756 年）

在家畜和人中，我们看到的大自然是受限制的，很少是完美的，而且经常是变质的、扭曲的，总是为羁绊或陌生的装饰所围绕。现在，它将赤裸裸地显现出来了，装饰着它的只有单纯，但这种单纯却因其天真之美，因其轻捷之步履，因其自由之神态以及其他的一些尊贵的和独特的特性而更加刺激。我们将看到它以君王的威仪踏遍地球表面，在动物之间分享它的领域，把它的元素、气候、给养奉送给每一个动物。我们将看到它在森林中，在河流里，在平原上贯彻它的简单但不可更改的律法；在每一个种属身上传播它的永不改变的性格，并且公正廉洁地把它的恩惠赐予它们，奖善惩恶；给予一些有需要和渴望的生物以力量和勇气；给予另一些胆怯的、不安的和腼腆的生物以温柔、节制和身轻体健；给予大家以自由和坚韧的品行；给予大家一些总是容易满足的、其乐无穷的希望与爱。

爱与自由是多美好的事啊！那些尚不屈从于我们的野兽，难道它们为了幸福不是需要更多的爱吗？它们仍旧是平等的，它们既不是它们同类的奴隶，也不是它们同类的暴君。像人一样，作为个体它们并没什么好害怕其同类的；它们之间和平相处，争斗只是来自陌生动物或我们人类。因此它们不无道理地在躲避人类，不想让人类发现它们，离人的居住地越远越好，利用它们的本能赋予它们的全部资源保护自己的安全，并且，为了逃脱人类的武力，它们运用着大自然在赋予它们独立的愿望的同时，恩赐给它们的自由的手段。

　　一些动物——那些最温驯、最纯洁、最平静的动物——只好远离人群，在荒郊野外生活；而那些疑虑重重、桀骜不驯的动物则钻进树林中去；另外一些动物仿佛深知在地球表面上毫无安全可言似的，在地下挖掘巢穴，躲入其中，或者是攀爬到最难以攀登的高山之巅；最后，最凶残的，或者说是最高傲的动物，则生活在茫茫荒漠之中，在热浪滚滚之中，称王称霸，即使同野兽一样的野人在那儿也无法与它们争夺地盘。

　　由于世间万物皆臣服于自然规律，甚至连最自由的生物也是如此，动物与人类一样，都在受到天与地的影响。似乎在我们的气候条件下使人变得温和、文明的同样的原因，对其他所有物种也都产生了类似的效果：在温带地区生活的狼也许是所有动物中最凶残的，但它们却并没有气候酷热地区的老虎、猎豹、狮子或严寒地区的白熊、猞猁、鬣狗那么可怕。这种差别不仅普遍存在，仿佛大自然为了在其创造物中创造更多的和谐与联系，而为生物种属制造气候或者创造生物来适应气候似的，但是，我们在每一个特殊的种属中也发现：气候催生了习性，而习性也成就了气候。

　　在美洲，气候温和，空气与土壤比非洲要湿润和柔软，尽管处于同一纬度上，狮子、老虎、猎豹却根本不像在非洲那样听起来让人毛骨悚然。它们已不是林中之王，既不是人类的既高傲又不屈的敌人，也不是嗜血噬肉的恶兽了。它们只不过是一些通常见人就跑的动物，它们从不正面攻击人，甚至也不公开地以武力征服其他野兽，而经常使用诡计，力图向猎物发起突然袭击。像其他动物一样，人可以将它们制服，而且几乎可以将它们驯化。如果它们的本性残忍加凶狠的话，它们就已经退化了，或者说它们只是受到了气候的影响：在温和的气候条件下，它们的本性变得温柔了，它们的那些极端的性格缓和了，而且通过它们所经历的变化，它们已经变得更加适应它们所栖息的土地了。

覆盖在大地上并且比食草动物更加依赖土地的植物，比动物更加充分地与气候特性相融合。每一个地方，每一个气候带都有其独特的植物。人们在阿尔卑斯山脚下可以见到法国和意大利的植物，在山峰上可以见到北方国家的植物，而且可以在非洲山峦的冰峰上见到这些相同的植物。在分隔蒙古帝国和卡什米尔王国的山峦上，人们在南坡上可以看到印度的植物，但人们惊讶地发现在北坡上却只生长着欧洲的植物。同样，只有在极端的气候条件下，人们才能获得提取毒品、香料、毒药的植物，以及其他各种特性极端的植物。而温和的气候则只能生产出一些温和的东西：最温性的草、最健康的蔬菜、最香甜的水果、最温驯的动物、最有礼貌的人……这些都是这种美好气候的产物。因此，土地造就了植物，土地和植物造就了动物，土地、植物和动物造就了人，因为植物的品质直接源自土地和空气，而其他与食草动物相关的特性则与所吃的草的特性密切相关。依靠其他动物和植物生存的人和动物的体貌特征尽管差别很大，但都是取决于同样的一些原因，这些原因的影响能扩展到他（它）们的性情及其习性。而且，这还更好地证明了在一个温和的气候条件下，一切都是温和的，而在一个极端的气候条件下，一切都是极端的，这是因为看上去是绝对的、固定不变的大小和形态，如同相对的特质一样，是由气候的影响决定的：我们的四足动物的身体大小与大象、犀牛、河马无法相比；如果将我们最大的鸟与鸵鸟、南美大兀鹰、鹤鸵相比，那就小得可怜；而我们的气候条件下的鱼类、蜥蜴、蛇类若与北部海洋里的鲸鱼、抹香鲸、独角鲸以及南方陆地和河流里的鳄鱼、巨蜥、巨蛇相比，简直是小巫见大巫了。如果我们再观察一下不同气候条件下的每一个种属的话，就会发现其大小形态有着千差万别，它们全都具有一种气候条件所形成的或多或少较为强烈的色彩。而这种变化只是缓慢地、不易觉察地发生的。大自然最伟大的工匠就是时间。由于时间总是以一种相同的、统一的和有规律的步伐在前进，所以它从不跳跃式地做点什么，它在循序渐进地、逐步地、细致地做着一切。所产生的那些变化开始时难以觉察，渐渐地便显而易见了，最后通过显著的结果让我们一目了然。

不过，野生的自由动物，包括我们人类在内，都是活动的生物中最少受到各种情况的影响而发生变化的。由于它们可以绝对自由地选择食物和气候，由于它们并不接受我们人类对它们的限制，所以它们的本性要比家畜的本性的变化小，后者受到我们的役使、移居、虐待，我们喂它们什么，它们就只能吃什么。野生动物则始终以同一种方式生活着，它们并不从一种气候条件迁徙到另一种气候条件下去生活。它们出生的树林是它们忠贞地热爱的地方，只有在它们认为那儿已经不安全了的时候，它们才会离开。它们逃避的并不是它们的敌人，而是人。大自然赋予了它们一些办法和能力以对付其他的动物，它们与其他动物势均力敌，它们了解自己的对手们的力量与计谋，能够判断出对手的企图、行动。即使无法避开对手，它们至少也能够与之相拼。总而言之，对手也只是它们的同类的一些种属而已。然而，对于那些知道如何发现它们，并且不用接近它们就可以捕杀它们的一些生物，它们如何应对呢？

所以说，让它们感到不安，让它们避之唯恐不及，让它们四散奔逃，让它们变得比本性野性万分的正是人类，因为大部分动物都只求平静、平安，尽量有节制地、无害地呼吸空气，食用地上的食物。它们甚至因大自然的影响而群居，结成家庭，组成某种"族群"。我们甚至仍可以在那些尚未被人类抢占的地方看到这类族群的遗迹：我们甚至可以在那儿看到一些共同修建的工程，看到一些设计，尽管这些设计并不太合理，但看上去却是建立在合理的安排之上的，而这些计划的实施至少反映了执行计划的这些动物的齐心协力，配合默契，团结一致。蚂蚁、蜜蜂还有河狸在筑巢、干活时并非是被强迫的，也不是因身体之必需，因为它们并不是被空间、时间、数量所逼使，而是因为自己的选择它们才聚居在一起，愿意在一起的就留下来，不愿在一起的就离开，我们看见有几只河狸总是被其他河狸所排斥，不得不孤单地生活。它们也正是在一些偏远地区，在罕有机会遇到人类的地区试图"居有定所"，建造它们的更加固定的、更加舒适的居所，虽然建筑很单薄，但毕竟是它们为"初生共和国"所做的最初努力的反映。相反，在人类聚集的那些地方，它们似乎心惊胆战，动物中不再有群居现象，它们没有心思去建造居所，不去考虑自己的巢穴是否艺术，更不去考虑什么舒适不舒适。它们始终在担惊受怕，为了生存，总是想着逃跑和藏匿。如果像我们所想象的那样，人类在以后的时间里继续在大地上大量地聚集的话，那么数百年之后，人们将会把我们的河狸的故事看作一则寓言了。

因此，我们可以说，动物非但不会增长自己的才能与智慧，而是恰恰相反，它们的才能与智慧只会日渐减少。而且，时间越长，越是对它们不利：人类越是不断增长，才智越是见长，它们就越是感到一个极其可怕的专制的王国在重压着它们，让它们几无立锥之地，将它们的自由、群居的想法毁灭殆尽，将它们的智慧扑灭几尽。它们变成的样子，即将变的样子，也许不能让人看出它们曾经的样子，也看不出它们今后可能变成的样子。如果人类被消灭殆尽的话，谁知道大地的权杖将会属于它们中的哪一个种属呢？

食肉动物（1758 年）

到目前为止，我们只谈到了一些有益的动物，而有害的动物则数量更多。不过，尽管总体上有害的似乎多于有益的，但是有益的或有害的都是好的，因为在物质世界里，坏也有利于好，而且实际上没有什么有害于大自然。如果说有害就是毁灭活生生的生物的话，那么被视为这些生物的总体系之一部分的人类岂不是对所有物种最具有损害性的种属了吗？光人类就能杀死、歼灭比所有食肉动物所猎杀的活物更多的活物。所谓有害动物只不过是因为它们是人类的敌手，因为它们具有同人类相同的食欲，都对肉食感兴趣，而为了满足自己的基本需求，它们有时会与人类争抢人类过多地拥有的食物，因为我们饮食无度，远远超过生存所需。我们是天生的消灭隶属于我们的生物的毁灭者，如果大自然不是取之不尽的源泉的话，如果我们的消耗与大自然的生产力相当的话，如果大自然无法自行修补、自行补足的话，那我们将有可能将大自然消耗殆尽。不过，按照自然规律，死服务于生，再生源自毁灭，无论人类和食肉动物的消耗有多大，多么超前，活物的总的储备、总的数量没有减少，因为即使消耗在加快，它们同时在不断地繁殖。

那些体型巨大，存在于世界上的动物只不过占据着动物中最小的部分。大地上满是一些小动物。每一棵植物、每一颗谷粒、每一粒有机物颗粒都含有成千个活原子。植物似乎是大自然的"基本资金"，但是这种物质"资金"尽管很丰富，尽管取之不尽，用之不竭，但它们仍然满足不了数量更大的各种各类的昆虫的需要。昆虫的大量繁殖，往往比植物的生长更快、更迅猛，这就足以表明它们的数量之大，因为植物只是每年再生，必须一个季度才能长出种子来，可是，昆虫，尤其是小昆虫，比如蚜虫，一季可以繁殖好几代。因此，它们比植物繁殖得更多、更快，虽然它们被其他动物视为"天然蚊草"而受到损害，正如草和谷粒是大自然为其准备的食物，受到它们的损害一样。在昆虫中，也有许多的昆虫是靠着吃其他昆虫而活着的。甚至有几种昆虫，比如蜘蛛，毫不留情地吃掉其他昆虫以及它们的同类。所有的昆虫都是鸟类的食物，而饲养的鸟和野鸟又是人类的盘中餐，或者是食肉动物的猎物。

因此惨死几乎与自然死亡规律一样是必然的；这是两种死亡和再生的方法，一个在于让大自然永葆青春，另一个在于维持大自然的生态平衡，而且是唯一限制种属数量的办法。这两种方法是依据普遍原因而产生的效果。每一个出生的个体到了一定的时间便自然地消亡；或者，它被其他动物过早地吃掉，那是因为它的数量过于繁多之故。过早地被消灭掉的昆虫何其多呀！有多少的花儿在春季里就被摘掉了呀！有多少种属在它们一生下来就被毁灭了呀！有多少种子还没发芽就"胎死腹中"了呀！

The theory of people

[lun ren]

论人

童年（1749 年）

　　如果有什么东西可以让我们对自己的虚弱有一种概念的话，那就是我们刚一出生时所处的状态。新生儿根本无法运用自己的感官，他们需要全面的照料，这看起来是一种痛苦而悲惨的景象，在最初的日子里，他们比任何一种动物都更加虚弱，他们那娇嫩而虚弱的小生命似乎有随时夭折的危险；他们无法站立，无法走动，他们只有生存所必需的力量，通过呻吟来表示他们所感受到的痛苦，仿佛大自然有意在告诉他们，他们生下来是为了受苦的，他们来到人世间只是为了分担人们的衰弱与痛苦的。

　　我们大家对此状态不应鄙夷不屑，因为我们每个人一开始都经历过这个阶段，让我们再感受一些我们身在襁褓中的状态，甚至让我们再体验一下处于这种状态之下所不可或缺的细微周到的照料可能造成的反感，然后我们再来探索这个脆弱的生物、这个初生的肉体、这个刚刚存活的小生命突然间有了什么动作，有了多大的意识和力量。

　　从一种环境进入到另一种环境的新生儿：从其母亲体内包围着他的整个身体的羊水中出来之后，他便暴露在了空气之中，他立刻便觉出了空气的流动；空气对他的嗅觉神经和呼吸器官产生影响，致使他会产生颤动，像是在打喷嚏一样，使得胸部扩张，让空气顺畅地进到肺里；进入肺里的空气能使肺泡扩张、膨胀，从而使得肺部空气温度升高，继而再降到一定温度，而膨胀了的肺纤维的弹力则对这气流产生作用，将气流从肺部排出去。对于呼吸的交替和持续运动的原因，我在此就不作阐述了，我想谈谈所产生的影响。对于人和许多动物来说，这种功用是非常重要的，是呼吸运动在维系着生命，呼吸一旦停止，人和动物便将死亡，而且一旦呼吸开始运动，它只有到人和动物死亡的时候才会停止。胎儿从第一次开始呼吸时起，就会持续不断地呼吸着。不过，我们可以不无根据地认为，那个卵圆孔在出生之时并不立刻关闭，因此，有一部分血液在继续从这个圆孔中流出。并不是全部的血液都首先进入肺部，所以我们也许可以在一段较长的时间里，不给新生儿空气，而这并不会引起新生儿的死亡。大约在十年前，我对一些小狗做过试验，这些试验似乎证实了我上面所说的这种可能性。我小心翼翼地把一条大型犬类的怀孕母狗放进一只装满热水的小木桶里，把它捆绑好，让它的屁股浸在水里，它在水桶里生下了三只小狗。这三个小家伙从母狗腹中的液体中出来，便进入与其母亲体液温度相同的热水里：我帮助母狗生产，并在桶里把三个小家伙洗干净，然后立即将这三只小狗放到装满热牛奶的一个更小一点的桶里去，没有给它们留出呼吸的时间。我把它们放进牛奶里，而不是水里，是因为想让它们需要时可以进食。我把它们浸在牛奶里，待了有半个多小时，然后才把它们一个个地提出来，发现它们全都活着。它们开始呼吸，嘴里在哼唧。让它们这么呼吸了半个小时之后，我又将它们浸入重新加热了的牛奶之中。让它们在里面又待了半个小时，随后又将它们提了出来，其中有两只仍然很活泼，似乎没因缺少空气而痛苦不堪，但是，第三只看上去却有气无力，蔫巴巴的样子。我觉得不能再将它浸到牛奶里去，便把它抱到它母亲的身边去了。这条母狗先是在水里生下三只小狗，然后它又生下了六只小狗。那只在水中出生，然后在呼吸之前又被放进牛奶中待了半个多小时的小狗，并没有表现出有什么不对劲，因为它很快便被放在了它母亲的怀里，像其他的那几只小狗一样活下来了。那六只在空气中生下来的小狗中，有四只被我扔掉了，因此，这六只小狗中只有两只待在它们母亲的身边，另外再加上一只在水中生下来的小狗，一共三只。我对在牛奶中待过的另外两只小狗继续进行了这类试验，我让它俩又呼吸了将近一个小时，然后，我又将它俩放进热牛奶里，它俩被第三次浸在里面，我不知道它们喝没喝牛奶。它们在奶里待了半个小时，当我把它们提出来的时候，我觉得它们跟放进去之前一样精神得很。可是，把它俩放回它们母亲身边后，其中有一只当天便死掉了，但我不清楚它是纯属偶然死去的，还是因为它在牛奶中待得太久，太难受，没有空气，窒息而亡的。另外的那一只同第一只一样健康，它们同没有接受这种试验的其他的小狗一样长得很好。我没再做进一步的试验，但是从已经做的试验看来，我深信，呼吸对新生小动物并不像对成年动物一样是绝对必不可少的，只要小心谨慎地控制好卵圆孔的闭合就可以了，也许有可能用这种方法培养出一些优秀的潜水员，培养出一些既可以生活在空气中又可以生活在水中的两栖类动物。

感官是一些必须学会使用的器官。看上去最重要、最绝妙的视觉器官，同时也是最不可靠且最容易产生错觉的器官，如果视觉没有触觉随时进行证实的话，视觉就可能产生错误的判断。触觉是最坚实的感官，它是对其他各种感官的试金石和标尺，它是动物唯一重要的感官，它是遍及动物各个部位的无处不在的感官。但是，刚出生的孩子的这种感官还不完善，他可以通过呻吟和哭闹来表达痛苦，却没有任何一种表情能表示他的快乐。新生儿到了四十天之后才开始会笑，开始会流眼泪，而在这之前，他虽然会哭喊哼唧，但却没有眼泪。因此，他的脸部没有任何的表情，没有任何有关情感上的表示。他身体的其他部位仍然是虚弱娇嫩的，只有一些盲目的无规则的动作而已。他站不起来，他的大腿小腿仍旧像是在母亲体内一样地蜷缩着。他没有力气伸直胳膊，没有力气用手抓东西。如果撇下他不管，他只会仰面躺着，翻不了身。

从我们刚才所说的这些情况来看，似乎新生儿最初所感受到的并通过哼唧来表达的痛楚只是一种躯体的感觉，这与动物一生下来就用呻吟声来表达的痛苦是相类似的，而新生儿心灵上的感觉只会在他出生四十天之后才表现出来，因为笑和泪是内心感受的产物，都是取决于心灵的活动。笑是一种愉快的感觉，只有看到了或回忆起认识的东西、喜欢的东西和想要的东西时才会笑，而眼泪则是一种不愉悦的震颤导致的，夹杂着温情和反躬自省。笑和哭都是因认识、比较和思考而产生的，因此这两种表情是人类所特有的，是人类用来表达心灵的欢乐或痛苦的，而哭喊、动作以及其他各种表达痛苦和欢乐的表情都是人类和大部分动物都具有的。

人们并不是在婴儿一生下来就喂他奶的，而是先让他有时间把他胃里的流质、黏液吐出来，把肠子里的胎粪排泄出来，因为这些物质会把奶变酸，对新生儿造成不好的影响。因此，人们给新生儿灌点甜葡萄酒，以强化他的胃，使胃肠畅通，以便他能够接受食物，消化食物。在他生下来十到十二个小时之后才能给他喂第一次奶。

新生儿从母亲腹中出来之后，在他刚享受到伸胳膊蹬腿的自由时，人们就给他以新的束缚了，把他裹得严严实实，让他脑袋固定地仰躺着，两腿伸直，双臂被绑在身体的两侧，周围还堆放着一些衣物以及柔软什物，让他不致翻身，发生危险。新生儿这么一来真的就幸福了吗？如果我们根本就不把他捆得这么结实，不让他被捆得几乎无法呼吸，而是看着他，让他侧卧着，以便让他的口水可以从他嘴里自己流淌出来，岂不更好！因为捆得结结实实的婴儿是无法转动脑袋，让口水自己流出来的。那些只是把新生儿盖严实，或者给他穿上衣服，而不把他裹在襁褓中的民族，做得就没我们好吗？暹罗人、日本人、印度人、黑人、加拿大的土著人、弗吉尼亚的土著人、巴西的土著人以及南美洲的大部分民族，把他们的孩子光着身子放在铺着棉花的吊床上，或者放在用毛皮铺着盖着的某种摇篮里。我认为他们的这些方法并不比我们的差。我们把孩子捆得结结实实，不可避免地会让孩子难受至极，让他感到痛苦不堪，他肯定就会乱动，挣扎，把身上的包裹物弄得乱七八糟，倒不如让他自由自在的反而更好。襁褓的束缚如同让青春期的女孩子束胸勒腰一样地难受。这种人们想象的让青春少女腰板挺直，防止弯腰驼背的胸衣，让人深感不适，反而容易畸形。

如果说婴儿在襁褓中想乱动可能对他很不利的话，那么把他捆得结结实实的，不能动弹，对他也是有百害而无一利的。缺少活动可能导致婴儿四肢的发育缓慢，锻炼不了体格。因此，能够自由活动四肢的婴儿比用襁褓包裹的婴儿要强壮得多。正因为如此，古秘鲁人总是将婴儿裹在宽松的襁褓里。当古秘鲁人将孩子从襁褓中抱出来之后，他们会把他放在一个土坑里，周围塞上一些衣物，土坑深及婴儿腰部。这样一来，婴儿的两只手活动就自由得多，孩子的脑袋也能够转动，身子可以自由弯曲，而不致摔倒摔伤。当孩子开始学步的时候，母亲就故意让自己的乳房离孩子稍许远一点，逗引他向前迈步去吃奶。小黑人有时候吃奶是很费劲儿的，他会用双膝和双脚夹住母亲的髋部，他夹得很紧能够支撑住自己的身体，而无须母亲双手抱住他。然后，他便用双手抓住母亲的乳房，不停地吮吸母亲的奶头，不管他母亲处于什么姿势，此时母亲像平时一样劳作，他都掉不下来，嘴也不松开。这样喂养的孩子，自第二个月起就能挪步了，或者说是可以用双膝双手在地上爬了。这种锻炼使得孩子日后用这种姿势挪动起来跟用脚走路一样快。

只有母爱才能持续不断地给予孩子这种无微不至的、必不可少的关爱和照料。我们能指望雇用的粗心奶妈做到这样吗？

有些奶妈能将婴儿扔在一边好几个小时，不闻不问，甚至有些对孩子哭闹也无动于衷。于是，哭闹的孩子觉得失望无助，便竭尽所能，又喊又叫，以致因此而得病，至少这会让他变得疲惫不堪，虚弱无力，影响他的生长发育，甚至还会影响他的性格发展。一些漫不经心、懒懒散散的奶妈往往更加缺德，当孩子哭闹时，她们不是去尽量想办法减轻孩子的痛苦不适，只是去摇动摇篮，让孩子晃来晃去。这么做当然可以让孩子分分心，忘了哭喊，但是，这么摇，会使孩子晕晕乎乎，慢慢睡着，但是，这种强制性的睡眠只是治标不治本的办法，并未根除孩子哭闹的真正病根，而且，如果这么长时间地摇下去，会对孩子造成真正的痛苦，导致孩子呕吐，甚至也许会使孩子的脑袋受到震荡，落下毛病来。

在摇晃摇篮之前，必须弄清楚孩子什么都不缺，绝对不能把孩子摇得头昏。如果发现孩子犯困，那就轻轻地哄哄他，晃晃他，就可以了。尽量减少为让孩子睡觉而去摇他，因为久而久之，孩子习惯了让人摇着入睡，不摇他就睡不着了。为了孩子长得健健康康的，必须让孩子自然入睡，并保证他有足够的睡眠，不过，也不能让他睡得太多，否则有可能让孩子的体质受到影响。如果发现孩子睡得太久，就得将他从摇篮里抱出来，轻轻地将他拍醒，让他听一些柔美欢快的声音，看一些闪亮的东西。孩子正是在这个年龄段上获得感官的最初印象的，无疑这最初的印象比他日后从他一生中获取的印象更为重要。

孩子的眼睛总是看着他所在之处最亮的地方。如果孩子的眼睛只有一只能够盯着亮点的话，那么另一只则因为没有看着亮光，视力受到不良影响。为了避免这种情况的发生，必须把摇篮置于光线从孩子脚部照射过来的地方，无论光线是从窗户照进来还是从烛台照过来的。孩子在摇篮中处于这种位置，两只眼睛同时都接受了光亮，视力都得到了锻炼。如果一只眼睛得到的锻炼胜过另一只眼睛的话，那么孩子的视力就会变得模糊，因为我们已经证实，眼睛接受的锻炼不均等是造成视力模糊的原因。

至少在新生儿诞生后的头两个月内，应该以母乳喂奶，甚至第三、第四个月的新生儿也不应该喂其他食物，尤其是体质很弱、吸收不好的新生儿。无论新生儿多么健康壮实，反正在他头一个月时，绝对不应喂除母乳以外的其他任何食物，否则会造成很大的问题。在荷兰、意大利、土耳其以及地中海东边的几乎所有地区，婴儿在一岁期间完全是以母乳喂养的。加拿大的土著人喂孩子奶一直要喂到四五岁，有时甚至要喂到六七岁。不过，在这些土著人中，大部分产妇都奶水不足，所以只好想法掺杂着喂她们的孩子一些奶和面粉的混合食物，甚至在婴儿刚出生的第一天都不得不这样做。这种混合食物可以解饥，但是，婴儿的肠胃才刚刚打开，十分虚弱，很难消化这种又粗又黏的食物，因此，婴儿往往很难受，生起病来.有时候还因为消化不良而夭折。

动物的奶倒是可以补充人奶的不足。如果母亲因某种情况没有奶水.或者母亲担心自己有什么病菌会传染给婴儿，便有可能让婴儿吮吸动物的奶，以便婴儿可以吃到恒温的并且合适的奶水，特别是婴儿的唾液与奶水进行了混合，促进了消化，因为婴儿在吮吸的时候，脸部肌肉在运动，压迫了唾液腺和其他的血管，便产生了唾液。我在乡下曾认识几位农民，他们小时候没有母乳可吃，又没有奶妈，只好吮吸母羊的奶，可他们与其他农民一样长得很结实。

如果做母亲的能够亲自喂养婴儿母乳的话，很显然，婴儿会长得更加健壮结实，母亲的奶应该比奶妈的奶更加适合孩子，因为胎儿在母体内吸收的是与其母亲的奶水相类似的乳状液体，因此婴儿可以说是已经习惯了自己母亲的奶了，而另一个女人的奶对于他来说是一种新的食物，而这种新的食物有的时候与他母亲的奶不尽相同，使他难以适应。我们可以看到，有一些婴儿因为无法适应某个奶妈的奶，变得十分消瘦，无精打采，甚至得病。一旦发现这种情况，必须替孩子另找一位奶妈，如果对此掉以轻心，孩子很快便会夭折的。

我不得不在此指出，把许多孩子集中在同一个地方，譬如在大城市的医院，集体抚养，是完全违背人们的主要目的的。集中在一起抚养的孩子中的大部分往往因为某种坏血病或者其他的一些孩子们共同会得的疾病而死亡，如果把孩子们分开来喂养，或者至少让他们几个人一组地分散在城市中的一些不同住处（最好是把他们放在农村），那患病率就会大大地下降。用给孩子看病的钱就能抚养好这些孩子，而且也避免了孩子的大量死亡，众所周知，人是一个国家的真正的财富。

有一些孩子两岁时就会说话，就能重复大人对他说的一切。但是，大部分孩子都要到两岁半才会说话，而且有的甚至到更晚一些才行。我发现，开口晚的孩子说话总是没有开口早的孩子说话流利。另外，开口早的孩子三岁之前就学会认字了。我认识几个两岁就开始学会认字的孩子，到四岁时，读起书来就很流畅了。不过，我无法确定这么早就让孩子读书识字是不是好，我见过许多过早对孩子进行这种教育但收效甚微的例子。有许多四岁、八岁、十二岁、十六岁的神童，到了二十五岁或三十岁的时候，反而变傻了，变得很不起眼。因此，最佳的教育方法应该是最通常的方法，是顺乎孩子的天然、不严厉苛求、按部就班的方法，我的意思是应该因材施教，量孩子之力而行。

青春期（1749 年）

　　青春期是随着少年期而来，是青年期之前的时期。在这之前，大自然似乎不仅在保存和发展它的杰作，而且它还向它的孩子提供了他成长发育所必不可少的东西。孩子在生活着，或者说在过着一种特别的生活，一种一直是虚弱的、自闭的、无法与他人交流的生活。但是，很快，孩子的生活便丰富多彩起来，他不仅拥有了生存所必需的一切，甚至还能给予他人生存所需要的东西。这种力量的源泉、健康的源泉及旺盛的生命力，不能再继续抑制在体内了，要通过许多的信号宜泄出来。青春期是大自然的春天，是快乐的时节。我们谨小慎微地描写这个年龄的孩子只是为了在想象之中引发一些哲学的思考吗？青春期，以及伴随着它而来的那些情况——割礼、阉割、童贞、阳痿——对人类历史来说太重要了，以致我们无法忽视与之相关的那些事实。我们将尽可能地、恰如其分地详细介绍这些情况，仿佛亲眼看到了似的，用一种冷静豁达的态度，在遣词造句时不带任何主观情感，用客观的、简洁的语言来描述它们。

割礼，阉割

　　割礼是一种极其古老的习俗，在亚洲的大部分地区依然存在着。希伯来人在孩子出生之后的第八天施行割礼；土耳其人则是在孩子七八岁之后才施行，甚至经常会等到孩子到了十一二岁才做割礼；而波斯人是在孩子五六岁时做割礼的。人们在孩子手术的部位敷上苛性粉末或收敛性粉末，甚至用纸灰来使伤口愈合，据夏尔丹[1]说，纸灰是最佳的愈合剂。他甚至还认为，给年岁大的孩子做割礼会给他们造成很大的痛苦，使得他们不得不待在屋里三个星期甚至一个月，有时他们甚至会因此而死亡。

在马尔代夫群岛，人们在孩子七岁的时候给他们做割礼。手术前，得将孩子浸泡在海水中六七个小时，让孩子的皮肤变得细嫩。以色列人用的是石刀；犹太人在他们的大多数教堂里至今仍然保留着这种做法。

当有人患上某些疾病时，人们不得不对他施行一种类似于割礼的手术。人们认为，土耳其人和其他许多沿袭割礼的民族是因为不割去包皮，它就会长得太长。拉布莱说，他在美索不达米亚和阿拉伯沙漠中，在底格里斯河和幼发拉底河沿岸看到有许多的阿拉伯孩子包皮非常地长，所以他认为如果不对他们施行割礼的话，这些民族就无法生殖，无法繁衍。

东方人的眼皮比其他民族的人的眼皮要长，大家知道，眼皮是一种类似于包皮的物质，但是，眼皮与包皮长的地方相去甚远，在它们的生长之间有什么样的关系呢？

另外有一种割礼是针对女孩子的。在阿拉伯和波斯的某些地方，譬如在波斯湾和红海附近，女孩子同男孩子一样，必须接受割礼。但是，这些地方的人只是等到女孩子过了青春期之后，才对她们施以割礼，因为在青春期之前，女孩子的东西还没长得太长。在另外的一些气候条件下，女孩子的小阴唇长得很快，在某些民族，譬如贝宁河流域的民族，通常在婴儿出生一个或两个星期之后，便对男孩和女孩都施行割礼。对女孩子施行割礼在非洲早就进行了。希罗多德[2]是把它作为埃塞俄比亚人的一种习俗来谈论的。

---

[1] 法国旅行家（1643—1713），曾游历过印度、波斯等地。

[2] 古希腊历史学家（约前484—约前425）。人称"史学之父"。

割礼在某种程度上倒也还是必要的，至少这一习俗可以起到清洁卫生的作用，但是，阴部扣锁术和阉割则只能是嫉妒使然。这些野蛮残忍而又荒唐可笑的手术纯属阴暗邪恶的心理想象出来的，出于对人类的卑鄙嫉妒而制定出这种惨无人道的、可悲可叹的法律来，还大言不惭地认为这种剥夺是一种美德，认为对人身的残害是可歌可泣的。

对于男孩子的阳具扣锁术是将男孩的包皮拉长，用一根粗线穿过包皮，等到包皮伤口愈合结疤，再将粗线抽出，用一个较大的环代替之。这个环一直保留到对孩子施行这一手术的人满意时为止，有时候甚至会保留终生。在东方的僧人中，有一些人为了誓守贞洁而戴上一个很大的环，使自己无法越轨。我随后将会谈到对女孩子的阴户扣锁术。我实在想象不出男人是出于情爱还是出于迷信，竟然想出这种荒唐可笑的办法来对待女子。

处于童年时期的男孩，有时候阴囊里只有一个睾丸，有时候甚至连一个睾丸也没有。但是，我们并不能据此而认定处于上述两种情况下的男孩肯定是缺少睾丸。睾丸往往会隐藏在腹部或肌肉环中，但时间长了，它往往会逾越阻碍它的障碍，下垂至它通常的位置的。这种情况经常出现在八到十岁的孩子身上，甚至到青春期。所以我们不必为这些只有一个睾丸或者根本就没有睾丸的孩子担忧。成年人很少有出现"隐睾"的情况，看来大自然在男孩青春期的时候会竭尽全力让孩子的睾丸显现出来。有的时候，一个剧烈运动，譬如猛地一跳或摔上一跤，"隐睾"也会回到正常的位置。即使睾丸不回到其正常位置，也不影响生育，我们甚至观察到有些处于这种情况下的人比其他人更加健壮。

确实是有一些人只有一个睾丸，但这种情况对生育毫无影响。我们发现只有一个睾丸的人，其睾丸比一般的要大得多。有些人甚至长有三个睾丸，据说他们的体格比其他人要健壮得多。我们不妨观察一下动物，看一看这些部位给予了身体多大的力量和勇气。一条普通的牛和一头公牛，一只公羊和一只母羊，一只公鸡和一只阉鸡，它们之间的差异何其大矣！

人类的阉割习俗非常古老，而且流行甚广。这在古埃及，曾经是对成年人的一种酷刑。在古罗马，曾经有许多的"阉人"，而今天，在整个亚洲和一部分的非洲地区，人们仍在利用这些阉割了的男子来看管自己的女人。在意大利，这种恶劣而残忍的手段是想使一个所谓的天才臻于完善。西南非的霍屯督人会割去一个睾丸，认为这样奔跑起来健步如飞。在另一些国家，穷人们会对自己的孩子进行阉割，使之丧失生育能力，免得他们像今天自己的父母一样，日子越来越难熬，生了孩子也养不活。

　　阉割的方法有好多种：希望自己嗓音甜美圆润的人要割掉两个睾丸，而那些因嫉妒而疑心重重的人，认为把自己的女人交由只割去两个睾丸的男人看管很不保险，所以干脆把他们的整个外生殖器部位全都割掉。

　　阉割并非人们所使用的唯一的方法。从前，为了抑制睾丸的生长，人们可以说不是用刀去摧毁睾丸，只是将孩子浸在掺有草药剂的热水中，然后长时间地挤压睾丸，并让睾丸冷却，以破坏它的功用。有的则使用器具对睾丸进行挤压，认为这种方法对生命不构成任何的危险。

　　切除睾丸并不怎么危险，什么年龄段的孩子都可以做，不过，人们认为还是童年时做好。但是，如果在十五岁之后切除整个外生殖器的活，常常是要致命的，而且，即使是在七至十岁期间做，也始终存在着极大的危险。要想挽救这类手术中的"阉人"的生命难度极大，要比挽救用其他方法阉割而遇到危险的人的生命困难得多。塔韦利埃说，在土耳其和波斯，前者要比后者贵五六倍。夏尔丹认为，生殖器的全部切除总是非常疼痛的，尽管对童年时期的孩子施行这种手术把握很大，但是，对十五岁以上的孩子却是相当危险的，只有四分之一的手术者能够免于一死，而且得六个星期伤口才能愈合。佩特罗·德拉·瓦勒[1]则看法相左，他认为在波斯国，对强奸犯或犯有其他类似的罪行的人，无论其年纪大小，都要处以宫刑，

[1]　意大利旅行家（1586—1652），曾遍游埃及、叙利亚、波斯等地，发现了巴比伦废墟。

而且，行刑过后，也只是在伤口上撒上点灰而已，但伤口全都愈合了。但是，我们不知道在埃及，从前受到过这种酷刑惩处的人是否如西西里的狄奥多罗斯[1]所说的那样，也全都幸运地活了下来。据泰韦诺[2]说，土耳其人对黑人施行阉割，死亡人数甚多，尽管他们施行的对象是一些八、九、十来岁的黑孩子。

除了这些黑人阉人以外，在君士坦丁堡、土耳其全境、波斯等地，还有其他的一些"阉人"，他们大部分是来自印度戈尔孔达邦、恒河半岛、阿萨姆邦、阿拉康邦、佩古邦和马拉巴尔邦（他们的肤色是灰色的），以及橄榄色皮肤的孟加拉湾人。另外还有一些格鲁吉亚和北高加索的白人，但是人数很少。塔韦尼埃说，1657 年，在戈尔孔达邦就有两万名阉人。黑人阉人来自非洲，主要是埃塞俄比亚人：这些黑人长得极其丑陋，所以更加受到欢迎，价格更高，因为人们喜欢他们的肥大的塌鼻梁，凶狠的目光，又大又厚的嘴唇，特别是他们的牙齿，又黑又稀，互不相靠。黑人的牙齿一般都是又白又齐整的，但是对于一个黑人阉人，主人要的就是他的丑陋，所以齐整的雪白牙齿反而不值钱。

只割去睾丸的阉人的其余部位并未受到损伤，甚至外部性征比其他男子更加明显。不过，剩余的那部分增长很少，几乎是处于手术前的状态。七岁时切除睾丸的阉人，其生殖器官在二十岁时如同七岁的孩子一样。相反，在青春期或更晚些做阉割的人，其生殖器官长得与其他男子几乎相同。

生殖器官和喉咙部位有着一些我们尚不知其缘由的特殊关系。阉人根本不长胡子，他们的声音尽管很响、很尖，但却不浑厚。他们的喉咙常常会生暗疾。人体的某些部位与其他部位相去甚远，且各不相同，但是其相互间的联系却是明显可见的。然而，当我们并未注意到其原因何在时，我们也就没有怎么去注意这种现象了。想必正因为如此，我们才从未想过去

---

[1]　古希腊历史学家（约前 90—约前 20），他住在罗马，游历过埃及和其他一些地方。

[2]　法国旅行家（1633 —1667），曾经去西亚和印度探险，据说是他将咖啡引进法国的。

仔细地研究一下人体各个部分的相互联系，而大部分动物身上都存在着这些联系。

童贞，婚姻

通常，人到了青春期时才真正地长高了个子。小孩几乎突然之间长高了好几寸，而在身体的各个部分，长得最快、最明显的是男性和女性的生殖器官，不过，对于男性来说，这一部分的增长只是一种发展，一种体积的增大，而在女性身上，则往往是缩小，是女性的童贞，而人们在谈到它时，又给它取了不同的名称。

但凡看重初夜权的男人总是非常关注他们认为自己应该独享而且先享的所有这一切。正是这种疯狂的念头造就了女孩子童贞的真正本真。童贞是一种精神本真，是一种只存在于心灵中的纯真，但却变成了为所有男人们关注的生理目标。男人因此而形成了一些观念、习俗、礼仪、迷信，甚至还据此制定了一些审判和处罚。所有最不正当的滥施淫威，最无耻的办法，都无所不用其极。人们逼迫女子接受愚昧无知的助产婆的检查，将身体的最隐秘部位展示在心存偏见的医生眼前，全然不顾这样的做法是对贞操的一种亵渎，是对贞操的奸污而非认同，让一个女孩子被迫接受种种羞愧难当、丧失廉耻的做法，是地地道道在损害童贞。

我并不奢望能够成功地消除人们在这个问题上所形成的荒唐可笑的偏见。人们想要相信的事你是根本改变不了的，无论这个事可能是多么虚无缥缈，是多么不合情理。不过，如同一部历史一样，人们不仅在叙述事情的经过和结果，而且还在叙述看法的来龙去脉以及主要错误的根源。因此，我认为我在《人类史》中不可能避而不谈人类为之献身的那个偶像，探究崇拜其可能的种种原因，并研究一下贞操是不是一种本真，或者它是否只是一种虚幻的崇拜对象。

　　法洛普、韦萨尔、迪梅尔布洛克、里奥朗、巴托兰、艾斯特、吕什以及其他一些解剖学家认为，处女膜确实存在，它应该属于女人生殖器官的一部分，而且他们还说，处女膜是肉乎乎的，但幼女时期它是极其薄的，而成年女孩的处女膜就变厚了，它位于尿道口的下面，部分地封闭着阴道口，它有一个圆形的孔，有时也呈长形，童年女孩的这个孔只有一粒豌豆粒那么大，到达青春期时，这个小孔就变得有蚕豆那么大了。温斯洛先生认为，处女膜是一个多少有点偏圆的薄膜皱襞，或宽或窄，或厚或薄，有时呈半月形，有的女子处女膜的口较小，有的则较大。安布鲁瓦兹·帕雷、劳伦斯、赫拉夫、皮诺斯、迪奥尼斯、莫里索、帕尔凡以及其他好多同样非常著名的，与前面几位一样可信的解剖学家的看法则完全相反，认为处女膜是一种虚幻，说这一部分根本就不是女孩子身体的一部分，并对其他人把它当作确有其事的东西来谈论觉得惊诧不已。他们做过许多验证，确信这个膜是不存在的，以此来反驳对方。他们对许多各个年龄段的女孩做过解剖，进行过观察，但却并未找到这个所谓的处女膜，他们只是承认他们曾经看到过一种膜，它连接着被称之为爱神木叶状的肉阜，但是他们认为这种薄膜的存在并不是正常的。解剖学家们对这些肉阜的质量和数量意见也不一致。它们是否只是阴道的粗糙表面？它们是不是阴道的明显分隔部分？是不是处女膜的剩余部分？它们的数量有多少？青春期的女子是只有一层还是有好几层？这些问题都被提出来了，但是答案各不相同，见仁见智。

　　这种源自简单观察所得出的大相径庭的看法，证明男人们一心想在女人体内找到他们想象中的东西，但是，有好多位解剖学家信誓旦旦地说在他们解剖过的女孩子身上，甚至在青春期之前的女孩子身上，从未找到处女膜或肉阜，甚至与他们观点相左的解剖学家们也承认，虽然处女膜和肉阜确实是存在的，但它俩并非总是一样的，在不同的女子身上，其形状、大小和坚韧程度也不尽相同，而且，通常并没有处女膜，只有一个肉阜，有的时候，会有两个或更多的肉阜由一块薄膜聚在一起，而这块薄膜的形状却并不一样。我们从这些观察中应该得出什么样的结论呢？除了得出所谓的阴道狭窄的原因难以确定，而且即使有原因，这些原因顶多也就是可以有各种变化的暂时的结果而已。

狭窄的阴道口的形状如大家所见，应该是因人而异的，而且因其各个部分增长的厚薄不同而差异颇大。因此，根据这些解剖学家们所说，似乎有的时候有四个突起或肉阜，有的时候则是两个或三个突起或肉阜，而且往往有着一种环形的或半月形的形状，或者是皱缩成一串小的褶皱。不过，这些解剖学家们没有讲述的是，不管狭窄阴道口取何种形状，都只是出现在青春期。我曾有机会看到解剖学家解剖的小姑娘的尸体，她们身体上并没有这类情况，在就此收集了一些材料之后，我可以断言，当她们在青春期到来之前便与男人发生了性关系，如果男性生殖器不是太大或者动作不太粗暴的话，女方是不会出血的。相反，如果她们正值青春期，生殖器官正在发育期间，只要稍许触碰一下那儿，就会出血，尤其是身材较胖，月经正常的女孩，因为那些身材瘦弱且有白带的女孩一般是无此童贞的表象的。这些明显的证明其实只是一种骗人的假象，而且，在间隔一段较长的时间之后，还会多次出现。处女膜在经过一段时间之后，会重新长出来的。可以肯定的是，女孩子在头几次性生活中，会出很多的血，即使中断一段时间的性生活，同样也会出很多的血，即使初期的性生活持续了好几个月，而且如胶似漆，缠缠绵绵，但是，一旦性生活停止，身体在发育生长，出血现象就可能会重新出现，只要中断性生活的时间较长，就使得各个部分重新聚合起来，恢复到性生活发生前的状态。因此一些失身的女子曾中断不正当的关系，不借助补救的方法使自己得以恢复，以骗过自己的丈夫，认为她仍旧是一个处女身。尽管我们的风俗习惯使得女人在这个问题上很不诚实，但是仍有一些女人承认了我刚才所说的那些事实。有的女人，在两三年的时间内，让其所谓的处女膜重新恢复了四五次。不过，必须指出，这种处女膜的恢复是有时间段的，通常是十四岁到十七岁的少女，或者十五岁到十八岁的姑娘。一旦身体发育完成，各部器官都各就各位了，那么处女膜的恢复似乎只有借助于外力，借助于补救方法了，关于这个我们就不作介绍了。

处女膜得以恢复的女孩，与那些大自然不予以宠爱，不能使其处女膜恢复的女子相比并不占有大多数。只要身体稍有不适，月经不准，痛经，阴道潮湿，白带过多，就不可能形成任何狭窄口或褶皱。阴道在继续发育生长，但是因为总是湿漉漉的，无法变得坚韧，也就没法结合成肉阜、肉环或褶皱，而男性生殖器开始插入时只是感到稍有障碍，但却不会出血。

没有什么比男人在这个问题上偏见更深了，没有什么比这些所谓的身体童贞的显现更不可靠的了。一个女孩子如果在青春期之前与一个男人发生性关系，而且是第一次，她是不会出现这种童贞的表现的。然后，这个女孩中断一段时间的性生活，当她到了青春期的时候，如果身体健康，在发生性关系时，是会出现这些童贞现象的，是会出血的。在她失去童贞之后，她甚至还能多次地变成为处女，同原来一样；而一个货真价实的处女则不然，她可能不会成为所谓的处女，或者至少没有任何处女的表征。男人们应该在这一点上保持冷静，而不应该像他们经常所做的那样，根据自己想当然的主观臆断，陷入毫无道理的怀疑或盲目的得意中。

如果你想要找到关于女孩子的明显的、确实可靠的童贞的标志，那就得去那些野蛮的、未开化的民族中去找，他们因为无法通过一种良好的教育去让自己的孩子懂得道德与荣誉，而只能是通过他们粗俗的风俗习惯所提供的一种方法来让自己的女孩子们保持贞洁。埃塞俄比亚人和另外好些个非洲民族、勃固和阿拉伯半岛中部岩石地带的居民以及亚洲的其他几个民族，在他们的女儿一生下来的时候，便将女婴身上那被大自然分开的部位缝合起来，只留下一点缝隙便于排尿。随着女孩的长大，那块肉便渐渐地变紧，以致到女孩结婚之时，不得不将它切开来。据说，他们还用一根石棉绳把女人的阴部缝上，因为石棉绳结实，不易腐烂。有的民族则只是在那儿戴上一个环。女人同女孩子一样，都得为贞操而接受这种羞辱性的习俗，甚至被迫在那儿戴上一个环，唯一不同的是女孩子戴上的环打不开，而女人戴的环上有一种锁头，只有她丈夫有钥匙能够打开来。为什么要提一些未开化的民族呢，我们自己的民族不是也不乏类似的例子吗？我们周围的有些人对自己妻子的贞操极其敏感，难道不也是对她们嫉妒成性，做出种种粗暴而罪恶的限制吗？

不同的民族在审美和习俗方面的差别何其大呀！他们的思维方法多么地不同呀！在我们刚刚叙述的大部分男人对贞操的关注，以及他们为了自己女人的贞操而处心积虑地采取的防范措施和种种手段之后，我们想没想到世界上也有一些民族根本就对贞操一说不屑一顾，而将为保贞洁而遭受的痛苦视为不可理喻呢？

由于迷信，有些民族会将处女的初夜权奉献给他们所崇拜的祭司，或甚至将处女当作供奉偶像的祭品。印度科钦和卡利卡特的部落的祭司们享有这种特权，在戈阿的加那利人那儿，处女们或自愿或被亲人逼迫把贞操奉献给身强力壮的偶像，而这些民族的盲目的迷信使他们陷入荒淫无度的境地，把宗教观念也搞得乱七八糟。而宗教中的纯人性的观念则鼓励一些教徒主动地将自己的女儿奉献给他们的头领、他们的主人、他们的国王。加那利群岛和刚果王国的居民就这般地让自己的女儿献身，而女孩子们并不因此而名声扫地。在土耳其、波斯以及亚洲和非洲的其他许多国家，情况也几乎一样，臣子们因能够从其主子手中接过被其玩腻了的女人而感到非常地荣幸。

在阿拉康邦和菲律宾群岛，一个男人娶了一个没有被别的男人开过苞的女孩，会觉得自己很没面子，因此他会花钱请一个男人来先于他当临时丈夫。在西藏，母亲们会找非藏人来，恳请其与自己的女儿发生性关系，好让她能出嫁。拉普兰人也喜欢与外乡人发生过性关系的女孩，他们认为这样的女孩比其他的女孩有味，因为她们懂得如何讨比他们自己更加内行、更加有审美观的外乡人的喜欢。在马达加斯加和其他一些国家，最放荡不羁、最荒淫无度的女孩是最早结婚的女孩。关于这种粗俗不堪或道德沦丧的例子，我还可以举出不少来。

男人过了青春期之后，自然就得结婚。一个男人只应该有一个妻子，如同一个妻子只能有一个男人一样。这个法则是自然法则，因为女性的人数几乎与男性持平。只有背离自然法则，并通过各个专制王朝的最不公平的法律，男人们才制定了一些相反的法则。理性、人道、正义要求反对这种丑恶的一夫多妻制度，为了一个男人的粗暴残忍的情欲而不顾好些个女人的自由和心愿，她们每个人其实本可以让另外的男人得到幸福的。这些人类的暴君们因此就更加幸福了吗？他们被阉人们和他们自己或其他男人并不宠幸的女人包围着，其实就已经饱受惩罚了，他们所见的都是自己所造成的那些不幸的人们。

如同在我国以及在其他所有理性的和信奉宗教的国家中的婚姻是适合男人的婚姻，男人在这种婚姻状况中可以利用他在青春期所获得的充沛精力，但是，如果男人坚持独身，那么他的充沛精力则会成为他的负担，有时甚至会让他非常痛苦。精液过于长久地积蓄而不能排出的话，无论是对男人还是对女人，都会引发一些疾病，或者至少会引起强烈的性欲冲动，而靠理性或宗教是无法抑制住它的，它会让男人大发兽性，竟至疯狂，难以制服。

这种刺激在女人身上表现出的极端反应就是子宫的躁动。这是一种躁狂症，让女人精神恍惚，竟至不顾廉耻，大讲荤话，做出下流无耻的举动来。我曾看到一种情况，我把它视作一种现象：有一个十二岁的女孩，一头漂亮的棕发，肌肤青春红润，小巧玲珑，但是体态已很丰满，她只要一看见男人就会做出一些最不堪入目的动作来，而且无法阻止住她，即使她母亲在场或别人大声斥责，或加以处罚，都无济于事。但是，她并没有丧失理智，当她单独与女人们在一起的时候，她的这种疯狂不羁便立刻停止了。亚里士多德认为，这种年龄的女孩子躁动是最厉害的，必须小心谨慎地照看好女孩。由于气候炎热，这种情况可能真的存在，似乎在气候比较寒冷的地方这种强烈的躁动会开始得晚得多。

当子宫狂躁到了一定的程度时，靠婚姻是根本无法抑制住它的，有一些女人还因此送了命。幸好，大自然的力量很少会独自引起这些致命的激情，即使其行为已经有所显现。要达到这种极端，必须由多种原因共同促成，其中最主要的原因是由淫秽的交谈和下流的图像所点燃的想象力。大部分女人不像上面的这些女人，面对生理欲望，她们通常是冷淡的，至少是平静的。也有一些男人不把贞洁当一回事。我认识一些男人，他们有着健康的体魄，年龄已是二十五岁、三十岁了，但大自然并未让他们对性有急迫的需要，让他们饥不择食地想法满足自己的需要。

不管怎么说，纵欲要比禁欲更加可怕。荒淫无度的男人的人数相当可观，而且不乏这样的例子。有一些人因纵欲过度而丧失记忆，有一些人则因此而双目失明，还有一些人成为秃子，更有一些人因消耗太多而死亡。在这种情况之下，如大家所知，想采用放血的方法治病是会致命的。明智的人不能过分向青年人强调纵欲对他们的健康会造成无法弥补的损失，有多少人在三十岁之前就已经力不从心了！有多少人刚刚十五六岁就染上了羞于启齿而且往往是难以治愈的病症！

论壮年 (1749 年)

对人的描绘

当人们突然想到某件自己热切期盼的或深为遗憾的事情的时候，会感到一阵猛颤或揪心。这种横膈膜的运动对肺部产生作用，将肺部提起，引起一种深深的急促的吸气，形成一声叹息。而当内心对自己激动的原因进行思索而又找不到任何满足自己的愿望或不能结束其遗憾的时候，就会叹息不止，表达心灵痛楚的这种忧伤便随之而来。当心灵的这种痛楚既深重又激烈的时候，人便会流泪，而空气因肺部的起伏进入胸腔，并且因一种不自觉的起伏而一个劲儿地呼吸，每一次呼吸都发出比叹息更响的声音来，这便是人们的"抽泣"。一声声抽泣比一声声叹息的速度要快，而且抽泣中还稍许带点喉音。这种喉音在呜咽声中更加明显，它是一种连续不断的抽泣声，其缓慢的声音在吸气和呼气时可以听到。呜咽声可以持续不断，它根据引起人悲哀、痛苦和沮丧的程度的不同而长短不一，不过它总是要反复发出好多次。吸气的时间就是两次呻吟之间的间隙时间。一般来说，这种间隙的长短是相同的。哭号是用力地、大声地表达的一种呻吟。有时候，这种哭号声保持在同一种声调上，特别是当哭号声既高又尖的时候。有的时候，它会慢慢地低下来，最后哭号停止，这一般是在哭叫得声嘶力竭的时候。

笑声是突然隔断开来的声音，而且反复多次，它是因腹部的急剧起伏引起的外部很明显的一种扭动。有时候，为了利于这种扭动，人们会胸部弯下，脑袋前倾，胸部收缩，保持不动，嘴角向收缩并鼓起的脸颊两边伸展。腹部每一次收缩，空气便带着响声呼了出来，因此人们便能听到连续多次的声响，有的时候，发出的声响各不相同，并渐次地弱下去。

在哈哈大笑和几乎其他各种激烈的表情中，嘴都张得很大，但在心灵较为平静温和的情况之下，嘴角只是向两边咧开而嘴却并不张开，只是脸颊在鼓起。有些人的脸上，在离嘴角不远的地方，有一个浅窝，被称之为"酒窝"，它非常甜美可爱，常常随着微笑而显现。微笑是一种善意、赞许和内心满足的表情，但同时也是一种表示轻蔑、嘲讽的表情，但是后一种微笑更多是用上唇抿住下唇。

面颊是一个其本身并没有任何动作、任何表情的部位，只是在不同情感的支配下不自觉地变红或变白。这个部位形成了面部的轮廓和相貌，它更多的是有助于面孔的美丽而不在于感情的表达，同样下巴、耳朵和太阳穴也是如此。

人在害羞、愤怒、骄傲、快乐的时候，脸会泛红，而在恐惧、害怕和悲伤的时候，脸色则会发白。这种脸部颜色的变化完全是不由自主的，它是在不经过心灵同意的情况下表达心灵的状况的。这是意愿完全起不了作用的一种情感表示，它可以支配所有一切，因为片刻的思考便可以结束人的情感在面部的肌肉活动，甚至能够改变面部的肌肉活动。但是面部表情的变化却是无法阻止的，因为这种变化是取决于内在情感的主要器官——横膈膜的活动所引起的血液运动。

人的整个头部在情感中会有不同的姿势和动作。谦卑、羞辱、悲伤时，头会低下；疲惫、可怜时，头会歪向一边；高傲时，头会高昂；固执时，头会挺直不动；惊诧时，头会向后仰；轻蔑、讥讽、生气、愤怒时，头会左右晃动。

人在痛苦、欢乐、爱恋、羞惭、同情时，眼睛会突然睁大；情绪变化剧烈时，眼睛会眯缝起来，视线模糊不清，泪水会随之溢出。流眼泪的时候，面部肌肉会随之绷紧，从而使嘴因受压而张开。自然形成的情绪在鼻子上会表现得十分丰富，泪水通过内部通道流进鼻子里，不会直接流出来，似乎停在了鼻子里，时断时续地流出来。

人在悲伤的时候，嘴角两边会往下耷拉着，下嘴唇上翘，眼皮半垂着，瞳孔向上，被眼皮半遮住，而面部的其他肌肉则松弛着，以致嘴和眼睛之间的间隔比平时更大，脸似乎被拉长了。

在害怕、恐惧、惊愕、恐怖时，额头会皱起，眉毛抬高，眼皮大睁，露出瞳孔和上方的一部分眼白来，瞳孔下垂着并被下眼皮遮挡了一点。与此同时，嘴会大张着，嘴唇收缩，露出上下两排牙齿来。

人在轻蔑和讥笑时，上嘴唇一边在翘起，露出牙齿，而另一边则微微地动了动，仿佛在笑似的，鼻子向翘起的嘴唇那一边皱一皱，嘴角则往后收进去；同一侧的那只眼睛几乎闭了起来，另一侧的像通常一样地睁着，但是，两只瞳孔却是垂下的，仿佛是在从上往下看似的。

人在嫉妒、羡慕、奸滑的时候，眉毛下垂，皱起来，眼皮撑开，瞳孔向下，上嘴唇两边翘起，而嘴角却有点往下，下嘴唇的中部噘起，抵住上嘴唇的中央。

人在笑的时候，两边嘴角收缩，微微有点翘起，双颊的上部向上，眼睛多少有点闭起，上嘴唇抬高，下嘴唇往下，嘴张开来，鼻子上的皮肤皱起，形成很深的褶皱。

胳膊、手和整个身体都会表达情感。肢体的动作与面部表情配合在一起，可以表达出各种各样的心理活动。比如高兴的时候，眼睛、头、胳膊以及全身都受到急速而多变的动作的影响。萎靡不振和痛苦悲伤的时候，眼睛是低垂的，脑袋歪向一边，双臂耷拉着，整个身子一动不动。在赞赏、惊讶、震惊时，所有的动作全都戛然而止，整个人像被定身法定住了似的。这种情绪的第一反应是不受意志所左右的。不过，另有一种表情似乎是经过脑子的思考，由意志所产生的，它让眼睛、脑袋、双臂和整个身子全都在动：这些动作似乎是心灵为保护身体而做出的反应，至少，它们是表达情绪的附属动作，而且它们也可以独自表达感情。比如，在爱恋的时候，在渴望和期盼的时候，人们会抬头望天，仿佛是在祈求得到自己所要求的东西似的；人们的脑袋和身子前倾，仿佛在向前靠，去够自己渴望的东西；人们伸出双臂，张开双手，去拥抱它，去抓住它。相反，在害怕、憎恨和恐怖的时候，人们会急促地伸出双臂，仿佛要把使我们害怕的东西推开似的。人们会扭过脸去，不去看它，人们会往后缩，避开它，人们会逃开去，离它远远的。这时的动作迅速极了，好像是不由自主的，可是这是习惯使然，因为这些动作是思维所决定的，只不过是全身各部分遵从意志的号令，而做出的快速完美的反应而已。

因为所有的情感都是心灵的活动，而且大部分都与感官表现相关联，所以它们是可以通过身体的动作来表达的，特别是通过面部的表情来表达。我们可以从外部的表情来判断人的内心活动，通过观察人的面部表情来分析他此时此刻的内心状况。但是，由于心灵没有任何形式可以与任何物质形式相比对，所以我们就无法通过体态或脸型来判断它。体貌丑陋不堪的人，没准有一颗美好的心灵，我们不可以以貌取人，因为其外貌与其内心本质毫不搭界，与我们可能做出的合理的推断也无任何的关联。

古人却是对这种偏见情有独钟的。在各个时期总有这么一些人，他们根据自己所谓的相貌知识想要创造一门科学。但是，他们的这些所谓的知识，很明显只能通过人们的眼睛、面部和肌体的表情动作来猜测其内心活动，而人的鼻子、嘴巴和其他面部形状对心灵的状况以及人的性情是产生不了什么作用的，同样也很明显的是肌体的强壮与否不能反映人的思想状况。一个人如果因为鼻子长得很好，就一定思维敏捷吗？而小鼻子大嘴巴的人就一定不聪明吗？必须指出，所谓占卜家向我们宣扬的那一套纯属无稽之谈，而他们根据自己所谓的相貌观察所得出的结论也是子虚乌有的。

女性之美

在我们中间，有时候会有一些力大无穷的男人。如果这种大自然的恩赐被他们用以自卫或者做一些有益的事情的话，那对他们来说是极其宝贵的，但是在一个文明社会里，思想比躯体更重要，而体力活儿只是底层的人干的，所以这种恩赐也就没有什么优势了。

女人的力气比男人差远了，而男人凭力气最常做的事情，最无所不用其极的事情，就是奴役和以暴虐的方法对待女人，而女人本是生来与男人一起分享人生的欢乐和共同承受人生的艰辛的。野蛮人总是逼迫自己的女人不停地干活儿，种地的、干重体力活儿的总是女人，而做丈夫的只是懒洋洋地躺在吊床上，只是等到要去打猎，或捕鱼，或者躺累了下地来闲待着时，才会从吊床上爬下来。他们不知道什么是散步，看到我们径直往前走然后又返回来，一连多次，不懂我们为什么费劲地干这种没用的、毫无意义的事，因此非常惊讶。所有的男人都喜欢偷懒，但是炎热地区的男人尤其懒惰，而且对待自己的女人也尤为凶狠，总用一些极其野蛮的手段逼迫她们满足他们的种种要求。在文明的民族中，男人因为是强者，所以制定出一些律条，而受到损害的总是女人，只不过习俗的严苛程度有所不同而已，只有在文明到彬彬有礼的程度的民族中，女人才获得了男女平等的权利，而这种平等权利对于社会的和谐是极其自然且必不可少的。女人们反对使用暴力，她们用她们的谦虚来教会我们认识美的魅力，这种魅力远胜于暴力，但是要显示这种魅力必须有技巧，因为各个民族对于美的看法极不相同，极其独特，因此有理由相信女人通过技巧让对美的看法迥然不同的男人喜欢，要比大自然恩赐的美本身更加有力。男人们对他们所渴望的女人的价值的看法是一致的，他们认为越是难以弄到手的女人就愈发地珍贵。女人只有懂得自珍自重，抵御那些不是通过情感而是通过其他一些手段来征服她们的男人，才会更加美丽，而人只要有了感情，习俗礼仪便随之而来了。

古人的审美观与我们的不尽相同。额头很小，眉毛相连或几乎相连的女人是美貌女人。在波斯，人们今天仍然认为浓眉相连的女子是美人儿；在印度的几个地区，牙齿发黑，头发发白的才是美女；马里亚纳群岛的女人最关心的一件事就是用草药将牙齿弄黑，用某些特制的药水将头发洗白。在中国和日本，大脸盘，眯缝眼，又大又塌的鼻子，三寸金莲，大肚皮等，就是美的标志。在美洲和亚洲的土著中，人们用木板挤压孩子的额头和后脑来把孩子的头压平，使孩子的脸比本来的要更宽阔；有的人通过挤压两侧使头变平变长；还有的人则从头顶压，使头顶变平；更有人尽可能地把孩子脑袋弄圆了。每个民族对美的看法都各不相同，而且每个人在审美观上都有自己的观点和独特的喜好，而这种偏好看上去是与童年时代所留存的，对某些事物的最初的美好印象有关，它可能更多的是由习惯和偶然而非感官所决定的。当我们在论述感官的发展的时候，我们将会看到眼睛给予我们总体美的那些观点是建立在什么基础上的。

老年与死亡（1749 年）

在自然界，一切都在变化，一切都在退化，一切都在衰亡。人的身体在尚未臻于完善的程度便已开始在衰退了：这种衰退起先是不知不觉的，甚至在好几年的过程中我们都没发现有什么大的变化，但是我们已经感觉到他人无法知晓的岁月不饶人。由于别人根据我们的外表来判断我们的岁数，那么如果我们能更多地注意观察自己，如果我们不硬充好汉，如果别人不总是过高地估计我们的话，我们应该有自知之明，知道自己的内部机器在变化了。

当身体在高矮胖瘦等方面全都发育好的时候，皮下脂肪也在增厚。皮下脂肪的这种开始增厚就是身体衰退的最初标志，因为这种脂肪的堆积，并非身体各器官的继续发育，不是身体在增加活力，而是过剩物质的单纯堆积，使得人的体重在增加，徒增赘肉。这种物质是脂肪性的，通常是人在三十岁到四十岁之间开始增加的，而且随着它的增加，身体在运动时便失去了灵活性、轻盈性，四肢变得沉重，力气和活力便逐渐丧失掉。

不过，躯体的骨骼在身高体重方面发育完善之后，继续在增加其坚硬度。体内摄入的营养成分此前是用于增长身高体重的，而这时则只是在增加脂肪的厚度，沉积在各个器官的内部。膜变成软骨，软骨变成骨质，骨骼变得更加坚硬，所有的纤维也都在变硬，皮肤变得干燥，皱纹在渐渐出现，头发变白，牙齿脱落，面部变老，躯干弯曲……最初的这些变化在四十岁之前被发现，到六十岁之前，变化在慢慢地进行着，而在七十岁之前，变化却越来越快。到了七十岁，衰老便开始了，而且是衰老得越来越快。衰老的过程在继续着，通常在九十岁或一百岁之间，死神便降临了，结束了人的衰老和生命。

如果人的一生过得相当好，并不害怕身后的事，那又为什么会害怕死亡呢？既然人的一生有其他很多的阶段已经为衰老做了准备，既然死亡如同生命一样自然，既然生与死都是以我们所没有感觉到、没有觉察到的同样方式发生的，那么我们为什么对死亡这一时刻感到恐惧呢？我们可以问问医生和神父，他们对于濒临死亡的人已经司空见惯了，对将死之人最后的举动了如指掌，他们都认为，除了极少的一部分因重症而亡，死前出现痉挛，痛苦不堪而亡的人以外，其他情况下的病人死的时候都很平静、安详，没有痛苦。正是这些受病痛折磨的垂死者让看到他的人感到恐惧，他们感到比病人还要痛苦，因为有多少人没有见过，经历过弥留时刻的病人，对于发生过的事情及自身的感受，都没有印象了。他们在垂死之刻，已经不是自己了，他们不得不从他们生活过的日子中剔除那一段他们一无所知的时日。

大部分人是在不知不觉中死去的，只有少数的人在最后时刻仍然很清醒，而在这少数人中。没有一个不是希望能活下去的，没有一个不因死而复生而庆幸的。大自然为了人的幸福使这种情感比理智更加强烈。一个患上不治之症的人，可以从常见的、熟悉的病例中判断自己的病况，他从家人的焦虑不安的表情中，从他的朋友们的眼泪中，从医生的表情、态度上，看出自己病得不轻，但他仍旧不肯相信自己已经走到了生命的尽头了。病人的求生欲望非常强烈，他只相信自己，不相信别人的判断，而且认为别人的判断是毫无根据的。他只要还比较清醒，能够思考，他就只认为自己的看法是对的，即使一切都消亡了，但希望仍存在着。

我们可以看看一个会不止一次地对你说他感到死神已经找上门来了，说他很清楚自己难逃这一劫了，说他已经准备好接受命运的安排了的人，当某个人或出于好心或出于不慎告诉他，他确实来日无多了的时候，他脸上会出现什么表情。你会看到他像一个听到出乎预料的消息的人那样，脸色陡变。他不相信此人跟他说的，因为他真的根本没有想到自己要死。他只不过是对自己的病感到疑虑、不安，但是他仍然怀着希望，如果我们在他面前不是悲悲切切，不是在为他准备后事的话，是不会引起他的恐惧的，他也根本想不到死神的降临。

死亡并不是一件我们想象中的那么可怕的事情，是我们把它想象得太可怕了，它是一种隔着一定的距离在吓唬我们的幽灵，当我们靠近它的时候，它就消失了。我们对它有着一些错误的看法，我们不仅把死亡看作一个最大的不幸，而且还是伴随着巨大痛苦和巨大折磨的一种不幸。我们甚至还在脑子里竭力地扩大它的可怕形象，并在思考痛苦的本质的同时，增加我们的恐惧感。据说，当灵魂离开肉体的时候，生命也就到了尽头了，但这个过程可能持续很长，因为时间并没有尺度，只不过是我们思维的继续而已，当我们感觉痛苦的一刻比一个世纪都要长的时候，这些思绪以一种与痛苦的强烈程度成正比的速度飞驰而来，而我们在心境平和、安详的时候，则会感到那只是瞬间的事。这种推论如果无足轻重，我们就不必提了，但是它影响着人类对痛苦的看法，致使死亡比它的实际情况要可怕千百倍，尽管只有极少数人被这种虚假的看法所迷惑，但我们还是有必要把这些荒谬的看法摧毁掉，让人们看清它们的虚假性。

老年人的幸福（1777 年）

有一匹马，它活了五十年，也就是说它已经活了这种动物通常寿命的一倍。解剖学总体上证实了我们只通过一些个别情况所了解到的东西，自然界的各种各类动物应该都是这种情况，因此，人类与马属动物一样，有一些人的寿命要比一般人的寿命长一倍，也就是说可以活到一百六十岁，而不是只活八十岁。这些大自然的宠幸者实际上只是少数，而且在当今长寿的人越来越少。这等于是生命撞了大运，不过，这种大运却足以让那些甚至到了耄耋之年的老人能够继续活得很长。

我们说过，活着的证据就是我们活过，我们通过寿命长短的图表证明了这一点。不过，这种图表上的寿命比实际寿命的概率要小得多。但是，如果人能活到头，也就是说，达到八十岁，就大有可能继续活下去，而且继续活下去的可能性既很大又很稳定。如果我们敢打赌说一个八十岁的老人还能再活三年，那我们就可以打赌说一个八十三岁的老人能活到八十六岁，甚至也许可以活到九十岁。即使是非常高龄的老人，我们也不无道理地认为他还能继续活三年。难道这三年就不是一种完整的生命吗？难道这三年不足以让一位智慧老人实现各种计划吗？因此，如果我们的精神面貌保持年轻的话，我们就永远不会老。哲学家垂垂老矣之时应该将衰老看作一种偏见，是一种有悖于人的幸福的一种观点，而动物就不受这种观点的烦扰。十岁的马看见一匹五十岁的老马在干活儿，并不会觉得这匹老马比自己更离死不远了。我们只是根据我们的计算方法来判断马的死亡的。但是，我们的这种计算方法毕竟也向我们证明，当我们老的时候，只要我们活得健健康康的，我们仍然离死还有三年的时间，而你们年轻人，如果认为年轻力壮而不知爱惜身体，可能比老年人死得更快。另外，如果我们量力而行的话，我们相信即使到了八十高龄，仍然还有望继续活上三年时间，而你们年轻人二十六岁时，就像三十岁的人了。每天，当我精神饱满地起床的时候，难道我这一天不像你们一样地充实，一样地精力充沛吗？如果我妥善地安排自己的活动，节制饮食，不受欲望的诱惑的话，难道我会不像你们一样聪明，并且比你们更幸福吗？既然我可以健健康康、快快乐乐地再活上三年，那我对自己这三年的安排不是更有把握吗？有些老人常回忆过去，徒生悲伤、遗憾，可我却恰恰相反，我让回忆充满快乐，让一些愉快的情景、宝贵的形象萦绕在我的脑海里，使我高兴愉悦。因为这些形象非常温馨，非常纯洁，只会给心灵带来一种美好的回忆。与你们年轻人的欢乐相依相伴的不安、焦虑、忧伤，在我脑海里的景象中不见了踪影。遗憾同样也消失殆尽，它们只不过是永远存在着的、那种疯狂的虚荣心的最后的显现。

我们可别忘了，高龄老人还有另一种长处，或者至少是一种对老年幸福的补偿，也就是说，虽然老年人体质差了，但是思想更睿智了，精神更加矍铄了。如果说身体上损失了点什么，他们也得到了充分的补偿。有人曾经问过已逾九十五岁高龄的哲学家丰特奈尔，他最感到遗憾的人生二十年是哪二十年。他回答道，他很少有什么遗憾的时期，不过他最幸福的年龄段是他五十五岁到七十五岁的那段时间。他是真心实意这么说的，他用明确无误、令人信服的事实证实了自己所说的话。到了五十五岁，财富已经积累好了，人已经功成名就了，生活也稳定了，抱负有的消失了，有的达到了，计划或泡汤或完成了，大部分的激情已经消减或熄灭了，通过自己的劳动已经完成了个人对社会所负的责任，敌人或者说讨厌的嫉羡者少了，因为自己的成就已经获得公众的认可了，所有这些精神上的收获都证明了老年人的长处，直到身体的残疾或其他疾病突然前来破坏老年人凭借智慧所获得的平静和温馨的生活，那是唯一能让我们幸福的东西。

最悲观的想法，亦即最与人的幸福相悖的观点，就是总想到老之将至，死之将临。这种观点让大部分老人感到悲伤、痛苦，即使身体棒极了，还没有到实在是老得不行了的老人也是悲悲戚戚的，我请他们看看我，以我为榜样。他们到七十岁时，仍有六年零两个月可期盼的阳寿，到七十五岁时，也还有四年半的期望值，到了八十岁，甚至是八十六岁，也还有三年的盼头。只有那些成天想到死之将至的脆弱的人才会感到离死不远了。若想让思想变得坚强，最好的办法就是接近并关注让我们赏心悦目的所有一切，并且要远离所有让我们不悦的一切，对之鄙夷不屑，特别是对那些让我们感到痛苦伤心的事情，为此，要经常地看到事情的真实面貌。生命，或者称之为我们生存的继续，我们只有在更多地感受到它的时候，它才属于我们。这种生存的感觉会不会被睡眠所毁灭呢？每天夜晚，我们都失去生存的感觉，因此，我们就无法将生命看作感觉到的生存的一种不间断的连续，生命绝非一根连续不断的线，它是一根被结头或者说被属于死亡的切口分割的线，每一段线都在提醒我们那最后的一剪刀，每一根线都在向我们显示什么是生命的终止。既然如此，我们又何必操心这根每天都断掉的线的长短呢？为什么不去直面生与死呢？但毕竟胆小之人比坚强的人要多，因此死亡的概念总是被夸大，认为它的步伐总是很快的，它的到来总是吓人的，而且它的形象总是那么可憎可怖的。可是，人们不去想，每一次对自己身体的摧残，就意味着生命的终结在提前，因为生存的终止其实并没有什么，但是死亡却会让内心产生恐惧感。我并不赞成斯多葛派所说的"死亡是人类最大的幸福，但诸神拒绝之"[1]。我既不把死亡看作最大的幸福，也不视之为最大的痛苦，我只是尽力地在名为"老年与死亡"的这个篇章中如实地叙述它而已。我希望读者们读读这篇文章，目的在于帮助读者们找到幸福。

---

[1] 原文为拉丁文：Mors homini summum bonum Dis denegaturm。

人的本性 (1749 年)

不管我们想要了解自己的愿望有多大，但我们并不知道我们是否能够更好地了解自己身外的所有一切。大自然赋予我们一些器官，唯一的目的就是让我们得以生存，我们只是利用这些器官来感知外部世界，我们只是尽力地向外界扩展，超越自我的存在。可是，我们因为过于扩大我们感官的功能，并扩展我们身外的空间，所以我们很少利用内部的感官，它能够使我们局限于我们真正的空间，使我们与一切同我们并不是一回事的东西分隔开来。然而，如果我们想要了解自己，就必须利用这种感官，它是我们进行自我判断的唯一的东西。但是，如何才能全面调动起这种感官来呢？如何使这种感官存在于其中的我们的心灵摆脱掉我们精神的种种虚幻呢？我们已经丧失了利用它的习惯，它在我们肉体纷繁的感受之中已经疏于活动，它被我们的激情烧光了，心灵、精神、器官，全都在与它作对？

但是，它的永恒不变的存在，本质的永不改变使之始终如一。它的光芒虽然因被侵害而丧失，但是它的力量却一点也没有失去。虽然它照耀着我们的光芒弱了，但是它仍然在坚定地指引着我们。为了我们能够很好地生活，让我们把这些仍然在照耀着我们的力量收集起来，那么包围着我们的黑暗就会减少，而且，即使道路并不是自始至终都是光明的，但我们至少将有一支火把照亮着我们，使我们不致迷失方向。

为了能够认识自己，我们要迈出的最艰难的第一步就是清楚地认识构成我们的两种物质的性质。简单地说，一种是无形的、非物质的、不灭的，而另一种则是有形的、物质的、会消亡的，而这种说法实际上是我们在肯定一种而否定另一种。这么一来，我们会获得什么样的认知呢？这种肯定一个、否定一个的说法并不能反映任何真实而积极的观点。不过，说实在的，我们虽然确信前者的存在，但我们对后者的存在与否却极无把握，前者的实质是简单的，不可分割的，而且它只有一种形式，因为它只能通过思想这唯一的一种形式表现出来，而后者并非一种实质，它只不过是一种能够接受一些与我们的思想形式有关的形式主体，而且其形式又全都不是确定的，与这些器官的本质一样地变化无常，这就建立起一点东西来，这就赋予前者和后者一些不同的特性，也就给予了它们一些积极的属性，使我们能够初步了解它们，能够开始对它们进行比较。

虽然我们很少去考虑我们的知识来源，但我们很容易便发现我们只能通过比较的方法去了解它。但凡绝对无法比较的东西，那便是完全无法理解的东西，上帝就是我们在此所能提供的一个明显的例子，上帝因为是无法比较的，所以是无法理解的。但是，所有可以比较的东西，所有我们可以通过不同的侧面观察的东西，所有我们可以相对地进行研究的东西，可能都是属于我们的知识范畴。我们越是掌握可以通过其不同侧面，通过其独特性进行比较的东西，我们就越是有办法了解它们，而且也越容易综合看法，借以得出我们的结论。

我们灵魂的存在被证实了，或者说我们与之成为一体。对于我们来说，存在与思考是一回事，这一真理既是内在的，更是直觉的。它独立于我们的感官、我们的想象、我们的记忆以及我们所有的相对的其他能力？对于任何不抱偏见地进行推论的人来说，我们的肉体和其他外在物体的存在都是让人心存疑惑的，因为这个被我们称之为肉体的，而且似乎是属于我们的，具有长宽高形体的肉体，除了与我们的感官有着一种关系外，它还会是什么呢？我们感官的物质器官除了与感官相适应外，它们本身还会是什么呢？而我们的内在感应，我们的灵魂有什么与它类似的东西，它与这些外在的器官的本质有什么共同的呢？由光亮或声音在我们心灵中所激发的感觉，是不是与这种似乎在传播光线的细微物质相类似，或者是不是与声音在空气中产生的振动相类似？是我们的眼睛和耳朵在与这些物质作用产生所有必需的效应，因为眼睛和耳朵这两个器官实际上与这种物质是相同本质的，但是我们的感觉却各不相同，相去甚远。光这一点难道不足以向我们证明我们的心灵确确实实与这种物质的本质是千差万别的？

因此，我们可以肯定，内在反应与引起其反应的东西是迥然不同的，而且我们已经看到，如果存在着一些我们身外的东西的话，那么它们本身就是完全不同于我们对它们的判断的，因为感受与引起感受的东西是绝对不相同的。我们难道不能就此而得出结论：造成我们有所感受的东西必然地而且本质上是与我们所认为的东西截然不同的？我们的眼睛所观察到的这种宽广度，这种我们通过触摸而了解的难以摸透性，所有构成这种物质的，集合在一起的特性，可能根本就不存在，因为我们的内在感受以及它通过宽广度、难以摸透性等表现的东西，根本就既不宽广又不是摸不透的，与这些特性甚至都没有任何共同之处。

如果我们能够注意到，我们的心灵在睡眠和没有任何物体存在的时候，往往会受到感觉的影响，而这些感觉有时候又与心灵在这些同样的物体存在时，通过使用感官而产生的感受大相径庭，我们会不会因此想到这些物体的存在对于这些感觉来说并不是不可缺少的，因此我们的灵魂和我们可以独立于这些物体而单独存在？因为在睡眠的时候和在死亡之后，我们的身体是存在着的，它甚至具有它可能有的所有存在形式，它与它从前一个样，只是心灵已经不再感受到身体的存在了，它对我们来说已经不复存在了。因此我想问，是否存在某种可能存在的，然后不复存在了的东西，而这种东西又是以一种与现在完全不同的方式或者以一种它曾经运用的方式影响着我们，它会不会是某种比较真实的东西，以致我们无法怀疑它的存在。

不过，我们可以认为，存在着某种游离于我们之外的东西，不过我们对此却无法深信不疑，而我们对我们自己真实地存在着这一点是坚信的，因此，我们灵魂的存在是肯定的，而我们身体的存在却是似是而非的，因为我们联想到物质完全可能只是我们灵魂的一种模式，一种观察的方式。当我们在睡眠时，我们的灵魂是在以不同的方式进行着观察，而且在我们死后，它将以一种更加不同的方式去观察。当我们自己的身体对于我们来说已经灰飞烟灭了之后，所有的物质对于我们的灵魂来说也就不复存在了。

不过，我们还是得承认灵魂这种物质的存在。尽管不可能展示它，但我们可以借鉴一般的观点，认为它是存在的，甚至像我们看到似的那样存在着。通过灵魂与物质实体的比较，我们将会发现一些极大的差异，一些极其明显的相悖，以致我们丝毫不会怀疑灵魂是一种不同的物质，而且是属于无限崇高的范畴。

人的感觉（1749 年）

我们是通过触觉才得以获得一些完整的和真实的感觉，而触觉这种感官是用来修正其他感官的感觉的，如果触觉不教会我们判断的话，其他感官的感觉可能只是一些虚幻的东西，在我们的脑子里，就只能产生出一些谬误来。那么，这种如此重要的感官是如何发展的呢？我们最初的认知是如何到达心灵中的呢？我们在懵懂无知的童年时代所发生的一切难道不是全都忘记了吗？我们将如何才能找回我们思想的最初的痕迹呢？难道我们甚至连追根溯源的勇气都没有了吗？如果事情没那么重要，那也就算了，可是，这事也许比其他任何事情都值得我们去关注。难道我们不知道每当我们要达到什么伟大目标时，我们就得做出努力？

因此，我在设想这样的一个人，人们会认为他是开天辟地的第一人，也就是说，身体和器官可能都已经发育完善，但对于他本人和他周围的一切都完全陌生的一个人。那么，他最初的反应、最初的感觉、最初的判断会是怎样的呢？如果这个人想要向我们讲述他最初的思想的话，那他会跟我们说些什么呢？他的故事会是什么样的呢？我只好让他亲口叙述，以便使他所说的情况更加感人。他的这段豁达的叙述并不很长，不会是神吹瞎侃，废话连篇。

我回想起我第一次感到我的奇特存在的那个充满快乐和困惑的时刻。我不知道我是什么，不知道我在哪里，不知道我来自何处。我睁开了眼睛，多么奇异的感觉啊！阳光、天穹、绿油油的大地、晶莹闪亮的河水等一切都让我目不暇接，使我充满了活力，给了我一种无以言表的快乐之感。一开始，我还以为所有这一切都存在于我的身上，与我浑然一体。

当我将眼睛对着太阳时，它的光芒非常晃眼，因此我便更加坚信我最初的想法。我不由自主地闭上了眼睛，感到眼睛在隐隐作痛。在我闭上双眼，眼前一片漆黑的一刹那，我觉得我几乎完全丧失了我整个人了。

我很难受，十分地惊愕，我就在想这是怎么回事，怎么一下子全变了。突然间，我听见有声音传来。鸟儿在歌唱，风儿在喃喃低语，宛如一场音乐会，在我心灵深处激起了一种温馨的感觉，我久久地聆听着，而且我很快便坚信这种和谐悦耳之声就是我。

我专心地，全神贯注于这种新的存在方式，以致当我重新睁开双眼时，我已经忘了我最初认识的我的那另一部分——阳光。我是多么高兴自己又拥有了这么多辉煌的东西啊！我的快乐已经超越了我第一次感受到的所有一切，一时间竟忘记了声音的美妙效果。

我将自己的目光投向千百种不同的事物，我很快便感觉到我可能会失去但能重新找回这些东西，我有能力摧毁并随心所欲地重塑我自身的这个美丽的部分。尽管我自身的这一部分因其光线的不同和色彩的各异而让我觉得硕大无朋，伟大无比，但我觉得我知道了这一切都包含在我自身之中。

当我感觉到一缕轻风习习吹来，给我带来一阵心旷神怡的芬芳，让我产生自恋的时候，我看着、听着，但却并不激动，也不困惑了。

我被所有的这些感觉扰动着，被如此美妙而伟大的存在的快乐驱使着，我突然间站起身来，只觉得有一种莫名的力量在架起我。

我只迈了一步，新的情况令我惊讶得木然不动，我惊愕不已，只觉得我已不复存在，我迈的这一步把事物全搅混了，我在想，一切全都乱了套了。

我用手抚摸着头，摸着额头和眼睛，然后摸遍全身，这时我觉得我的手是我的存在的主要器官。我在我的这一部分上所感觉到的是极为清晰、极为完整的，与阳光和声音给我带来的快乐相比，这一部分的感觉是极其完美的，因此我全身心地依恋着我身体的这个坚实的部分，而且我觉得我的思想有了深度，有了真实性。

我在自己身上触摸到的所有一切好像使我的手愈发地有了知觉，而每一次触摸都在我的心灵上产生双重的想法。

我很快就发现这种触摸的感觉能力在向我全身的各个部位扩散，而且我很快也就知晓了一开始我所觉得的我那庞然大物般的身体是有其限度的。

我曾朝自己的身体看过，曾认为它是巨大无比的，是我眼睛所见到的所有一切事物无可比拟的，后者只不过是星星点点而已。

我久久地打量着自己，我高兴地看着自己，我的眼睛盯着我的手看，观察着它的动作。我对这一切有着最奇特的感觉，我以为我的手的动作只是瞬间的存在，是一系列相似的东西，我把手放到自己的眼前，于是我觉得它比我的身体还要大，而且它还使得我所看到的无数的东西全都消失不见了。

我开始怀疑我通过眼睛所获得的这种感觉是虚幻的。我先前已经清清楚楚地看到我的手只不过是我身体的一小部分而已，可我弄不明白它怎么一下子增大了，竟然使我觉得它硕大无朋，因此我决定只相信触觉，因为它还没有欺骗过我，并决定对所有其他的感觉和存在方式保持戒备的态度。

对我而言，这种谨慎是有用的。我又开始走动起来，并且是昂着头在走，结果我与一棵棕榈树发生了轻微的碰撞。我猛地一惊，连忙用手去摸这个陌生的物体，我确实认为它是陌生的，因为我摸它，它却没有任何反应。我颇为惊骇地绕开了它，我第一次认识到在我身体之外还存在着某种东西。

这一新的发现比我以前看到的其他所有的东西都更让我激动，竟至难以平静。经过对这一事件的深思过后，我得出结论，认为我应该像判断我身体的一些部分那样去判断我身体以外的事物，而且只有触觉能够让我确信它们的存在。

于是，我便尽量地去触摸我所看到的所有东西，我想要触摸太阳，我将双臂伸开想去拥抱地平线，可我触摸到的全是空空荡荡的，什么也没有。

我尝试的每一个试验都让我感到越来越惊讶，因为我觉得好像所有的东西都同样地存在于我的身边，只是经过无数次的体验之后，我才学会了用我的眼睛来指挥我的手。由于我的手给我的一些感觉与我通过眼睛所看到的完全不同，而我的感觉之间又不一致，所以我的判断就很不完善，我的存在对于我来说也只是一个模糊不清的存在体。

由于我对自己，对我到底是什么，对我可能是什么极度地关切，所以我刚才体验到的种种反差使我困惑、屈辱，我越是思索，也就越是疑窦丛生。这种种的疑问令我疲惫不堪，弄得我心力交瘁，以致我两腿发软，坐了下来。这种平静的状态给予我的感官以新的力量。我坐在一棵大树的荫凉下，树上结满了红红的果实，伸手可及。于是，我轻轻地触摸着它们，它们便立即纷纷地掉落下来，如同无花果成熟时掉落下来一样。

我捡起一个果实，想象着自己征服了它，我为我所感觉到的我的手的能力而自豪，我为我能够在自己的手中掌握着另一个完整的东西而骄傲。那个果实尽管并不是沉甸甸的，但我觉得它也像是有生命一样，使我高兴地认为我战胜了它。

我把这个果实凑近我的眼前，仔细地观察它的形状和颜色。我突然闻到一股甜甜的香味，于是我把它离我的脸靠得更近，让它靠近我的唇边。

我拼命地嗅着那股香气，久久地闻着。这种芳香沁我心脾。我张开了嘴巴，把香气呼出。我随即又张开嘴巴，重新吸进这种芳香，我感到我嘴里满溢着一股比先前更加甜美、更加清馨的香气，最后，我便开始吃了起来。

好香甜啊！多么新鲜的感觉啊！在这之前，我有的只是高兴，可现在这味道却让我产生了快感，而这种快感又让我产生了占有的念头，我觉得这个果实的物质变成了我自己的物质了，而且我觉得自己能够改变一切生命。

我受到这种能力的鼓舞，受到我所感到的这种快感的刺激，我便摘下了第二个和第三个果实，我不厌其烦地用手去抚摸它们，以满足我的快感，但是，一种惬意的慵懒逐渐地袭到我全身的感官，让我四肢感到沉甸甸的，心灵也停止了它的感受。我认为我是因为思想变得疲劳而停止了思考。我的慵懒的感觉使得所有的事物全都变得模模糊糊的，看不清轮廓，辨不清形状。此时此刻，我那已经变得无用了的眼睛闭上了，而我的脑袋又因为肌肉已无力支撑它而歪在了一边，贴在了草地上。

一切都变得模糊了，一切都消失不见了，我的思维轨迹中断了，我失去了存在的感觉。我睡着了，睡得很沉，但我不知道自己是否睡了很长的时间，因为我对时间根本就没有概念，无法对它进行测算。我醒了过来，这仿佛是我第二次的降生，我只感到我刚才终止了我的存在。

我刚刚经受的这种精疲力竭让我产生了某种恐惧的感觉，使我觉得我将不会永远活下去。

我还有一种担忧：我不知道自己是否在熟睡中丢失了我身体的什么部分。我试验了一下我的感官，企图重新认识自己。

但是，当我用眼睛细细地查看了一遍全身，以确信我的身体仍然是完整的，一点也没有缺失的时候，我看到我身边有一个与我的形体相似的形体存在着，我是多么地惊讶啊！我把这另一个形体看作另一个我，在我停止存在时，我觉得非但什么也没有丢失，反而是又出现了一个我。

我用手去触摸这个新的生命的时候，我是多么地震惊啊！那不是我，但却又胜过于我，比我更加完美，我觉得我的生命就要转换位置，完全转移到这第二个我。

我感到这个生命在我的手触摸时，在活动，我看到他在我的眼睛里找到了意识，而他的目光让我感到我的血管里有一种新的生命源泉在流淌，我真想把自己的全部存在给予他。这种强烈的愿望使我的存在变得充实，我感到一种第六感产生了。

此时此刻，太阳跑完了它的行程，熄灭了它的光芒，我隐隐约约地发现我的视觉丧失了。我存在的时间太长了，所以我并不害怕我的存在的终止，而我虽身处黑暗之中，但我并没因此而再回想起我的第一次沉睡。

神经系统，大脑（1758 年）

无论作为运输工具用以传递感觉和引起肌肉运动的物质是什么，可以肯定的是它是在通过神经系统传输的，而且是在转瞬之间从敏感系统的一端传递到另一端的。这种运动无论它是以什么方式产生的——不管是如同牛皮筋似的震颤，不管是类似于小火星式的颤动，还是通过类似于电物质的传播形式。这种物质不仅存在于动物体内，而且存在于其他各种物体内，并且能够通过心脏的跳动和肺部的呼吸，通过血液在动脉中的流动，不断地再生，另外，它还可以通过外部原因对感觉器官的作用再生。还可以肯定的是，神经和薄膜是动物体内唯一的敏感部位。血液、淋巴以及其他所有的液体和脂肪、骨头、肉质等其他所有的固体本身是并不敏感的。脑髓也是不敏感的，它是一种柔软而无弹性的物质，不能产生、传播或传递运动、震颤或感情的变化。但脑脊膜却相反，是非常敏感的，它是所有脑神经的"封套"，它像神经一样，植根于大脑里，分成无数的神经分支，一直延伸到最细小的神经末梢。这些末梢神经可以说是扁平的，它们与大脑神经属于同一物质，弹性也几乎相似，它们是敏感系统中的一部分，而且是必不可少的重要部分。如果我们说感觉的中心是在大脑里的话，那它就在脑膜里，而不是在物质完全不同的脑髓部分。

之所以有些人认为所有感觉的中枢和所有敏感的中心都在大脑里，是因为作为感觉器官的神经全都通向大脑，因此便认定它是唯一的能够共同接收所有振动、所有感觉的部位。人们就是仅仅根据这一点而将大脑认作感情之源，认作感觉的主要器官，即共同的感觉中枢。这种假设看上去极其简单、极其自然，以致使人根本没有去注意其生理上的不可能性，而这种不可能性是显而易见的，因为像大脑这样的非敏感部分，这种柔软而无活力的物质，怎么可能成为感情和运动的器官呢？这个柔软而不敏感的部分怎么可能既接收那些感觉又长时间地保存它们，并把振动传播到所有坚实而敏感的部位去呢？有人也许会说，据笛卡儿或佩罗尼说，这个源并不存在于大脑里，而是存在于松果体或胼胝体内。但是，只需看一下大脑的结构，便可以知道这些被人认为感觉中枢存在于其中的松果体、胼胝体根本就不源于神经，它们被大脑的不敏感物质完全包围着，与神经分割开来，以致无法接收运动的信号，因此这种假设与第一个假设同样是站不住脚的。

然而这个既重要又基本的部分到底有什么用呢？它到底在起着什么作用？大脑不是所有动物都有的吗？感情丰富的人类、四足动物和鸟类的大脑不是比没有什么感情的鱼、昆虫和其他动物更丰富、更广泛吗？一旦大脑受到压迫，所有的运动不就中断了吗？所有的反应不是都消失了吗？如果这个部分不是运动的根源的话，那它为什么在运动中起着那么重要的作用呢？为什么在不同的动物的身上，它的大小会与动物所拥有的感情成正比呢？

我觉得我可以用一种令人信服的方法对这些问题做出回答，不管这些问题看上去是多么难以阐释。不过，要这么做就必须请大家暂时赞同我的意见，把大脑只看作脑浆而已，并且只去推测我们通过仔细观察与悉心研究所能发现的东西。脑浆如同只是一种延伸的延髓和脊髓一样，是一种刚刚能形成机体的黏液。我们在其中仅仅能分辨出那些细小的动脉的末梢，它们通到那儿的数量极大，而且并不含血，而只有一种白色的富于营养的淋巴液。这些细小的动脉或者淋巴管的纤细的网状结构将流经的脑浆的各个部分分解开来。相反，神经却根本不进入脑浆的物质之中，它们只伸向表层；它们首先失去其坚实性和弹性；而神经的最后末梢，也就是说其最靠近大脑的末梢，是柔软的，而且几乎是黏液状的。通过这种没有掺杂任何假设的观察，我们似乎可以说大脑是通过淋巴管供应营养的，但大脑随之也向神经提供营养，因此，我们应该将淋巴管视作一种植物，它是通过其"树干"和"树枝"从大脑出发，随后便分散成许许多多的"细枝"。大脑对于神经如同大地之对于植物。神经末梢是根系，在任何植物中，根都比树干或树枝更加柔软。它们拥有一种可延展性的物质，这种物质可帮助神经"树"生长发育。它们就是从大脑的物质中提取这种可延展性的物质，使动脉可以持续不断地把必需的淋巴液带回大脑，以资补充。大脑并不是感觉中枢和情感根源，而只是一个分泌和提供营养的器官，但它却是一个非常重要的器官，没有了它，神经就既不可能生长，也无法维持。

人类、四足动物、鸟类的这种器官比较大，因为在这类动物身上神经的数量要比鱼类和昆虫类的多得多，因此，鱼类和昆虫类动物的感觉要弱得多。它们的大脑很小，所以由大脑营养的神经的数量也相对更少。不过，借此机会我也要明确地指出，人类的大脑并不是像人们所认为的那样比其他动物的大脑要大，因为有一些猴类和鲸类，按其躯体的大小比例而言，其大脑的体积要比人类的大脑大。另外，还有一点也在证明大脑既不是感觉中枢也不是情感之源，因为这些动物虽然大脑大，但其感觉与情感并不比人类的大脑敏感。

如果我们研究一下植物的营养汲取的方法的话，我们将会发现植物并不从土壤或水中粗略地汲取营养，它必须等到土壤或水中的养分受热后浓缩，变为细微的蒸气，以便根部能够汲取。同样，神经的营养也只是通过大脑中湿润的最细微的部分来汲取的，而且是通过末梢或神经根部来汲取的，然后再将汲取的营养传送到敏感系统的各个部分去。正如我们所说的那样，这个系统是个整体，它的各个部分都有一种极其紧密的衔接，一种极其密切的联系，因此只要损伤了其中的一个，就会强烈地震动其他的各个部分。受到伤害的那根神经，哪怕是最细小的一根神经的微微地牵动，就足以刺激其他所有神经，致使全身抽搐。只有在这根受伤的神经的上部将它切断，疼痛和抽搐才会停止，但是，这么一来，这根受伤的神经所通往的所有部分，就永远丧失了活动能力，失去了感觉。大脑不应该被看作与机体的其他部分同类型的一部分，也不能被看作神经系统的有机部分，因为它并不具有相同的特性，也不是同样的物质，因为它既不坚实，又没有弹性，也不敏感。我承认，当大脑受到压迫的时候，其感觉随即便停止了，但是这也证明了，身体对这个系统来说是陌生的，它是通过对神经末梢的压迫使之变得麻木，其方法与对手臂、大腿或身体其他部位进行挤压，使得神经变得麻痹，失去知觉是一样的。不过，通过压迫而使感觉停止只是暂时性的，只是一种麻木而已，一旦大脑的压迫消失，知觉和活动随即便恢复了。我还认为，破坏髓质，伤及大脑直到其胼胝体，便会引起痉挛，失去知觉，甚至会导致死亡。这是因为这时候，神经可以说是被连根斩断，整体受到损伤，难以恢复。

　　我还可以对上述情况补充一些特别的例子，它们同样可以证明大脑既非情感中心，也非感觉中枢。我们见到过一些动物，甚至一些孩子，生下来的时候，没有头也没有大脑，但是他们却仍然有感觉，能动弹，有生命。还有一些动物，比如昆虫和蠕虫，其整个种属的大脑根本就不明显，而且又都很小。它们只是具有类似于骨髓和脊髓的一部分。因此，我们完全有理由把任何动物都具有的脊髓看作情感中心、感觉中枢，而大脑并不是所有敏感动物都共同具有的、普遍存在的部分。

情绪 (1753 年)

快乐，痛苦；智者的幸福

如果动物的快乐只是愉悦感官的东西而非其他的话，如果生理上能够愉悦感官的东西就是适于自然的东西的话。如果痛苦相反只是伤及器官、违背自然的东西的话，总之，如果快乐是生理上的安慰，痛苦是生理上的不适的话，那么我们就绝不会怀疑但凡有感觉的动物一般来说快乐要多于痛苦，因为所有适应于大自然的一切，所有能够有助于保留的一切，所有能够维持其生存的一切，都是快乐的。反之，所有趋向于灭亡的一切，所有会扰乱身体组织的一切，所有会改变自然状态的一切，都是痛苦的。因此一个有感觉的动物只有通过快乐才得以继续存在下去。如果愉悦的感觉的总和，也就是那些符合其本质的效果没有超过痛苦的感觉或违背本性的效果的话，动物就丧失了快乐，先是因没有快乐而沮丧，渐渐地痛苦会加深，最后因过度的痛苦而死亡。

人的生理上的快乐与痛苦只是其痛苦与快乐的极小的一部分，人的不停地在活动的想象力决定着一切，或者说它只是在制造人们的痛苦，因为它只是在向心灵展示一些虚幻的幽灵或夸张的景象，并且在竭力地迫使心灵去关注它们？由于更多地受到这些虚幻的东西的干扰而无法看清真实的情况，心灵因此便丧失了它的判断能力，甚至丧失了自己的控制能力，只关注一些虚幻之物，只相信一些不可能存在的事物。它已不再能够掌控的意愿已经变成了它的一种累赘，而其过分的愿望则变成了痛苦，它的白日梦顶多只是一些虚假的快乐，一旦心灵恢复平静，重新恢复其判断力的时候，这些虚假的快乐便随即化为乌有，烟消云散。

因此，每当我们在寻求欢乐的时候，往往是在自寻烦恼。一旦我们盼着更加幸福的时候，其实就开始痛苦了。幸福就在我们心中，它已经给了我们；而痛苦在我们体外，是我们自己去寻找它的。我们为什么不相信心灵的安宁才是我们唯一真正的快乐？为什么不相信我们会增加快乐而不会失去快乐？为什么不相信渴求越少，拥有的就越多？为什么不相信我们希望的，超越了大自然所赋予我们的，就会痛苦，而只有大自然给予我们的才是快乐？

因此，大自然曾经给予我们，现在仍在随时随地地给予我们无尽的快乐，它满足了我们的需求，它武装了我们以抵御痛苦。在生理上，快乐永远都多于痛苦。我们必须担心的并非事实，而是虚幻；必须担心的是心灵的纷扰、激情与烦恼，而不是身体的疼痛、疾病和死亡。

动物只有一种获得快乐的方法，那就是锻炼其胃觉以满足自己的食欲。我们也有这种方法，不过我们还有另外一种获得快乐的方法，那就是锻炼我们的思想，也就是我们的求知欲。如果我们的欲念与这种求知源泉不相抵触，不去搅扰它的话，那么我们的这种求知源泉将会是最纯净的而且是取之不尽的，而欲念往往会扰乱人的思想。一旦让欲念占了上风，那么理智就沉寂了，至少它也只是一种微弱的声音，而且往往会是一种让人讨厌的声音。这时，对真理的厌恶也接踵而至，虚幻的魅力在增加，错误就越来越大，并将我们又拖又拽地引向痛苦的深渊。到了这种地步，我们看不清真相，只能根据欲念的引诱，根据欲念的命令去做出判断，也就会不公正地、可笑地去看待他人，而且即使反躬自省也只能是轻蔑自己。请问，有什么比这个更加令人痛苦不堪的？

处于这种虚幻和愚昧的状态之中，我们会希望去改变我们心灵的本性。我们心灵的本性本是促使我们去认知的，可我们只是利用它来感觉。如果我们能够完全扑灭它的光芒的话，我们可能也不会因为失去它而感到遗憾，我们反而会真心实意地去羡慕那些丧失理智的人的命运。由于我们的理智只是间断的，而这种理智的间断变成了我们的负担，变成了我们内心的隐痛，因此我们会想要抛弃这种理智。我们就这样从幻想走向幻想，心甘情愿地想办法丧失自我，而且很快便自己都不认识自己，最终忘却了自我。

　　一种连续不断的欲念就是精神错误，而精神错误的状态对于心灵而言就是一种死亡状态。一些强烈的间断性的欲念就是疯狂发作的标志。心灵上的疾病因为更加持久、更加反复无常而更加危险。明智只是这些疾病发作中给我们留下的一些健康的间断，而这些间断根本就不是我们的幸福时刻，因为这时候我们已经感觉到我们的心灵患病了，我们会谴责自己的欲念，会谴责自己的行动。疯狂是痛苦的胚芽，而正是明智在促使这胚芽的成长。大部分声称自己很痛苦的人都是一些欲念极强的人，也就是说，是一些疯子，他们身上剩有一些理智的间隙，在这种间隙期间，他们认识到自己的疯狂，因此会感到十分痛苦。上层社会的人因为不切实际的欲望更多，心气更高，过分的欲念更甚，心灵的肮脏更严重，所以他们必然要比所有的底层的人不幸得多。

　　让我们将目光从这些可悲的事情，从这些令人感到羞辱的现象上移开，去观察观察智者吧，他们才是唯一值得尊重的人。他们是自己的主宰，也是各种事情的主宰。他们对于自己的现状颇为满意，只愿意生活在自己一直生活的状态之中，像自己生活过的那样生活着。他们自给自足，不怎么需要别人的帮助，更不愿意成为别人的负担。他们经常不断地锻炼自己心灵的能力，使自己的智力臻于完善，修心养性，获取新的知识，无时无刻不感到满意，没有内疚，没有厌烦，在享受自己的生活的同时享有着整个世界。

这样的一种人无疑是大自然中最幸福的人，他们将只属于他们的精神上的欢乐与既属于他们也属于其他动物的肉体的欢乐结合在了一起。他们拥有两种快乐的方法，这两种方法又是互为补充、相辅相成的。如果由于身体的不适或者其他什么意外，他们突然感到痛苦的话，他们所感受到的痛苦也要比别人轻得多，因为有精神的力量在支撑着他们，有理智在抚慰着他们。他们甚至在痛苦的时候也会产生一种满足感，因为他们感到自己很强壮，可以忍受得了痛苦。

梦和想象

毕竟有人会坚持认为，有的时候，梦境是有意识的。人们为了证明这一点，往往会以梦游者为例，会以睡觉时说梦话，讲述一些有头有尾的事情的人，并且还能回答别人的问题的人为例。人们还据此坚持认为意识没有被排除在梦境之外。起码我自己是坚持这一看法的，为了证明我想要证明的观点，我只需指出感觉的更迭是会让人做梦的就足够了，因为动物们只会做这类的梦，而这类梦远非因回忆而起，恰恰相反，只是一种对物质的模糊反映而已。

不过，我仍然不太相信梦游者，睡着了说梦话并回答问题的人等，真的是由其意识支配着的。我觉得在这种情况中，心灵似乎并没有起任何的作用，因为梦游者走来走去，做出各种行动，都是没有经过思考的，他们并不了解自己当时的处境、危险以及他们的行动所造成的恶劣后果，那纯属动物的本性使然，而且可以说，他们的动物本能在其中并没有完全起作用。处于这种状态的梦游者比一个傻瓜还要愚蠢，因为他此时只有一部分感官和意识在起作用，而傻瓜却具有他自己的全部感官，其感觉完全在起作用。至于睡着了说梦话者，我并不认为他们会说点什么新的东西，那只不过是在回答一些普普通通的常见的问题，只不过是在重复一些通常的话语而已，这并不能证明他们的内心活动，他们的这些行为举止是完全独立于意识和思维之外的。既然人们在头脑最清醒的时候，特别是在欲念方面，人们知道自己会不假思索地说出许多许多的事情，那为什么人们在睡着了的时候就不能下意识地说点什么呢？

　　至于在未受到先前的和当时的事物的诱发，而反复出现的梦的偶然原因，我觉得是这样的：当人在睡得很沉很沉的时候，是不会做梦的，因为在这种状态下，所有一切都处于昏昏沉沉之中，整个人体内体外全都休眠了，不过内在的感官是最迟入睡而又是最早苏醒的，因为与外部感官比较起来，内在感官更加活跃，更加灵敏，更加容易苏醒。人在浅睡的时候，是最容易做梦的时候。先前的感受，尤其是我们并未经过思考的感受会重新出现。由于外部感官的不活跃，内部的感受就无法被现在的感受所占据，那么内部的感受便作用于过去的感受。而最强烈的感受就是它最经常拥有的那些感受。这些感受越强烈，梦境就越夸张，正因为如此，几乎所有的梦都是可怕的或诱人的。

　　外部感官无须完全昏昏沉沉，只要它们停止活动，内在的物质感受就可以通过自己的活动而起作用：我们习惯于经常提前上床睡觉，所以总是不太容易很快入睡。放松的身子和四肢处于不动的状态。眼睛由于是闭着的，又正值夜晚，漆黑一片，所以什么也看不见。环境宁静，黑夜静寂，耳朵也停止了活动。其他的感官也处于静止状态，整个人完全在休息着，但人却并未完全入睡。在这种状态之下，当人的大脑没在思考，而且心灵也处于休息状态的时候，内部的物质感受就"一统天下"了，这时候，一些幻影、形象便闪现于头脑之中。此时，人倒是没有睡死，但是却感受到睡眠的影响。如果你身体很好，你的脑海里就会出现一系列美妙的、梦幻般的影像，但是，只要你身体不适或者疲惫虚弱，梦中的影像便大不一样了，尽是一些张牙舞爪的怪影、老态龙钟的嘴脸和可憎可怖的鬼怪，它们似乎在向你扑来，动作快捷，怪模怪样，犹如走马灯一般不停地转换着，这时候，你的脑子里没有了其他的感觉，有的只是这些光怪陆离的影像。而梦中的影像越多，越刺激，你就愈发地感到难受，神经会变得更加脆弱，人就感到更加虚弱，因为在这种状态之下，由真切的感受所引起的刺激要比在健康状态之下更加厉害，更加不舒服。

我们之所以记得我们的梦，原因就在于我们记住了我们刚刚的感觉，而人与动物在这一点上的唯一区别就在于我们人完全能够区别什么是属于我们的梦，什么是属于我们的思维或我们的真实感受，而且这是一种比较，一种记忆的活动，时间概念掺杂于其中。而动物则相反，它们没有记忆，没有比较时间的这种能力，所以它们无法区分什么是它们的梦，什么又是它们的真实感受。我们可以说，它们梦见的事情就是它们真正发生过的事情。

我记得我在写人的本质的时候已经明确地证明动物是没有思考能力的，而理解力不仅是一种思考能力，而且是对这种思考能力的运用，是它的结果，是表现这种能力的东西。不过，我们必须在理解力中区分两种不同的活动。第一种活动是第二种活动的基础，是必然先于后者的。思考能力的第一种活动就是比较所获得的感受，并形成观点，而第二种活动则是比较这些观点，形成推理：通过第一种活动，我们获得了一些个别的观点，这些观点足以使我们认识所有敏感的事物；而通过第二种活动，我们便能提升到普遍的观点，这些观点对于理解抽象的事物是必不可少的。动物并不具有第一种能力，也不具有第二种能力，因为它们根本就没有理解力，但大部分人的理解似乎只局限于第一种活动能力。

如果所有的人都具有同样的比较观点的能力，使之推而广之，形成新的综合的话，那么所有的人都会通过新颖的、总是与众不同的而且往往更加完善的思考表现出自己的聪明才智来了。其实，事实并非如此。大部分人只是在做一些简单的模仿，只是人云亦云，亦步亦趋，以致不去独立思考，丧失了理解力，丧失了创新能力。

想象力也是心灵的一种能力。如果我们将"想象力"这个词理解为我们所具有的比较的能力，使我们的思想鲜明，表现并扩大我们的感觉，描绘我们的感情，一句话，使我们迅速地抓住时机，清楚地看到我们所观察的事物的远近关系的话，那么我们心灵的这种能力甚至会成为最辉煌、最积极的一种能力，这是高级智能，是天才，而动物是更加不会具有的。不过，另外还有一种想象力，一种只取决于我们身体器官的想象力，它是我们人与动物所共同具有的。这种想象力是被与我们的欲念相似或相反的事物所激发的，作用于我们内部的一种混乱不堪和难以避开的活动。正是这些事物的强烈而深刻的，并且是自发地在随时更新的印象，迫使我们像动物一样不假思索地胡干蛮干。这些事物的显现比它们的实际存在更加活跃，它们会夸大一切，歪曲一切。这种想象力是我们心灵的敌人，是幻想的源泉，掌控着我们的一切欲念，而尽管我们在理智上有所抵御，但我们仍然战胜不了它，它使得我们陷入了一种我们总是战败者的可悲的境地。

人的双重性

人的内心是具有双重性的。这种双重性是由两种因本质而不同，因行动而相反的本原所形成的。心灵这个精神的本原，这个认知一切的本原，始终是与另一种动物性的和物质的本原相对立的。前一种是一种纯净的光芒，伴随着宁静与安详，是科学、理性、智慧的，有益于健康的源泉，而后一种则是一种虚幻的光亮，它只有通过暴风雨并且是在黑暗之中才会闪现，是一股迅猛的激流，裹挟着欲望与谬误奔腾而去。

那动物的本原是最先发育生长的。由于它纯粹是物质的，并存在于与我们的欲念相似或相反的事物中，存在于由我们内在的物质感官构成的印象的不间断的运动和更新的过程中，因此我们的身体一旦感受到痛苦或愉悦，它便立刻开始活动起来。它先让我们有所感觉，而且一旦我们的感官开始起作用，我们的感觉就明显起来。而精神本原表现得要迟一些，它是通过教育的方法发展并完善的。儿童则是通过与别人的思想交流获得精神本原的，自己也就逐渐地有了思维能力，成为一个理性的人。如果缺少这种交流，他就会根据其内在的物质感官的活动的程度大小，变成一个愚蠢的人或怪诞的人。

我们来观察一下一个放任自流、缺少老师监督的孩子。我们可以通过他的行为举止判断他的内心活动。这种孩子什么也不想，什么都不考虑，怎么快活怎么干，他相信外界事物留给他的所有印象，行动时缺少理智，他像小动物似的疯玩，又跑又跳，漫无目的地奔来奔去，其行为无章可循，而且虎头蛇尾。但是，很快，由于教导他思考的人们的努力，他开始收敛了，有规有矩了，而且还能向别人证明自己学会了人们教给他的思维方式。因此，物质本原在人的童年时期是占据主导地位的，而如果教育未能跟上，没能让孩子增强精神本原，使他的心灵得到锻炼的话，物质本原可能会继续在他的人生道路上占据主导地位。

当我们进行自省的时候，可以很容易地获知这两种本原的存在。在人的一生中的一些时刻，甚至是几个小时、几天、几季，我们不仅能够确信这两种本原的存在，而且能够确信它们是互相抵触的。我想谈一谈这些我们无法自我决定的、讨厌的、麻木的、令人厌恶的时刻。在这种时刻，我们尽做些我们不想做的事，做些我们不该做的事。我要谈谈这种状态或者说病态，人们给这种状态冠之以昏头昏脑，无所事事的人、什么活儿都不干的人往往都处于这种状态之中。如果我们观察一下处于这种状态下的我们的话，我们的那个"我"似乎被一分为二了，一个代表具有理智能力的

"我"，这个"我"在斥责第二个"我"的所作所为，但是，这第一个"我"又不够强大，没法有效地反对并战胜另一个"我"，恰恰相反，这后一个"我"因为具有我们的感觉和我们的想象力的所有幻想，反而在限制、掌控着一切，往往还要压迫第一个"我"，致使我们的行为举止与我们想要做的背道而驰，或者迫使我们虽想有所行动而不能。

在理智能力占主导的时候，我们可以平静地照管自己，照管自己的朋友，照管自己的事务，但是，我们仍然会发现，哪怕是不经心的也会发现，另一个本原的存在。当这另一个本原一下子轮到它占据主导地位的时候，我们就会疯狂地为所欲为、放任自流、放荡不羁，顶多偶尔地想一想我们所关注的，并且充斥我们全身的事物：处于这两种情况之下，我们都是幸福的。在第一种情况下，我们可以高高兴兴地指挥着、号令着，而在第二种情况下，我们会更加心悦诚服地服从着。由于通常两种本原中只有一种在行动，而且这种本原的行动又不与另一种本原相悖，所以我们感觉不到有任何的内在的矛盾，这时的"我"是单纯的，因为我们只感受到一种简单的冲动，而我们的幸福也正存在于这种行动的一致性之中。因为只要我们稍加考虑，我们就会谴责自己的这种快乐，或者在我们强烈的欲念的支配之下，我们会竭力地憎恨理性，自这时起，我们就幸福不起来了，我们就丧失了我们的宁静存在于其中的，我们的生存的一致性了。此时，内心的抵牾重新出现，两个"我"处于矛盾对立之中，而两种本原也因此有所感觉，表现出怀疑、不安和内疚来。

所以，我们可以做出结论：所有的状态中最痛苦不幸的状态就是人的本性中的那两种主宰力量都在激烈地运动的那种状态，而且这两股力量又是势均力敌、互不相让的。这就是我们内心深处最深切而且又是最可怕的痛苦之关键点，它使得我们一心只想着结束生命，让我们想尽一切办法把疯狂的武器转而对准我们自己，摧毁自己。

这种状态多么可怕啊！我刚才已经用最阴森的颜色描绘了它，可是，在这之前难道就没有其他的可怕的情况吗？与它相近的所有情况，与这种平衡的状态类似的所有状态，都搅得人心乱如麻、无所适从、痛苦不堪，在这些时刻中，那两种相互对立的本原很难克制自己，双方在同时行动着，而且几乎是力量相当的。在这种状态下，我们的身体也因这种混乱不堪和内斗而痛苦异常，往往因这种状态所引发的激动而逐渐衰竭。

人的幸福存在于内心的平衡统一之中。童年时，人是幸福的，因为只有物质本原在起着主宰的作用，而且它几乎在不停地支配着孩子。约束、责骂，甚至于惩罚，对孩子们来说都是一些小小的悲伤，顶多就是皮肉上的一些疼痛，而其内心深处根本就没有因此而受到影响，一旦他又自由自在了，由于自己又获得了活力和新鲜感，便又高兴又快活起来了。如果这时候他完全随心所欲的话，他会非常幸福的，但是，这种幸福一旦终止了，对他今后会造成痛苦不幸。因此，大人们不得不管束孩子，当然这会让他伤心难受的，但是时不时地让他难受一点也是必要的，因为这种难受的时刻是他今后幸福的萌芽。

到了青年时期，当精神本原开始活动起来并且已经能够左右我们的时候，就会产生一种新的物质感觉，而且它绝对地占主导地位，专横地指挥着我们的所有感官，以致心灵本身似乎都愉快地准备接受这种物质感官所产生的强烈的欲望。这时候，物质本原仍在发号施令，也许比以前更加积极地在活动，因为它不仅在压制着并抹杀着理性，而且它还在毒害并且像多利用一个手段似的利用理性。于是，人们只是为了赞同和满足欲望而思考和行动。只要这种沉醉继续着，人就感到幸福。在这种状态下，矛盾和外部的痛苦似乎在加强内部的统一，使欲望更加强烈，并且以此来填补慵懒的间歇，重新唤醒我们的骄傲，成功地把我们的全部视线转向同一个目标，把我们的全部能力转向同一个目的。

但是，这种幸福犹如好梦一般是会过去的，其魅力很快便消失了，接下来的便是厌倦，丰富的感情为可怕的空虚所替代。刚刚走出这种麻木休眠状态的心灵几乎难以认识自己，因受到奴役而丧失了指挥的习惯，它已不再具有发号施令的力量，它甚至还留恋那种受奴役的状态，并且在寻找一个新的主人，寻找一个新的欲念目标，而这种目标很快也将消失，接着而来的是另一个持续更短的目标。因此，粗暴与厌恶增加，快乐消遁，器官衰竭。根本无力指挥的物质感觉不再具有服从的力量。度过了这样一段青春年华的人剩下的还有什么呢？剩下的只是一个疲弱的身体，一颗伤痕累累的心以及对其身心均已受伤而又无能为力的无奈。

因此，我们发现，人到中年是最容易患上我所说的这种身心疲惫、内心疾病和阴郁气闷等症状的。但人到中年，仍然在追逐着年轻人的种种欢乐，这是习惯使然，并非出于生理需要。随着年龄的不断增长，往往心有余而力不足，因此怪罪自己，因自己的软弱而明显地、经常地感到羞辱，以致禁不住会自我谴责，痛骂自己的所作所为，甚至对自己的欲念感到愧疚。

另外，正是在这个年龄段，忧虑产生了，生活中的麻烦也增多了，因为人们已经进入了一种状况，也就是说人们或偶然地或有所选择地进入一种因无法进入而感到羞愧的生涯，而这种生涯往往很难做得心满意足、人人夸奖。于是，人们便在蔑视和憎恶这两种同样巨大的矛盾中艰难地走着，而且由于拼命地要避开这两种矛盾而心力交瘁，最后换来的是灰心丧气、无可奈何。因为当你饱经沧桑，了解并承受了人类的不公允的时候，你也就习惯了把这一切视作一种必须经受的苦难了；当你终于习惯了不去管别人的议论，自己多休息休息的时候，当你的心灵已经经受了别人带给你的那些伤痛的锻炼，变得麻木了的时候，你很容易地便进入到你几年前也许会觉得羞愧的一种漠然的、麻木的状态。荣誉这个所有伟大心灵的强有力的原动力，这个你一直拼命地通过自己的辉煌成果和有益的工作想要达到的、遥不可及的原动力，对于那些已经接近它的人来说，已经只是一个没有吸引力的目标了，而对于那些仍在远处孜孜不倦地追求的人来说，仍是一个无用的、带有欺骗性的幻影。取它而代之的是懒惰，而且这懒惰好像在向大家提供一些更加舒适的捷径和一些更加实惠的好处，但是厌恶会在懒惰之前到来，接踵而至的便是烦恼。而烦恼是所有会思考的心灵的可悲的暴君，而与之相对抗的只有疯狂，智慧在它的面前显得软弱无力。

人种的多样性

我们在这之前所说的有关人类繁衍、发育、成长、各个年龄段的状况、感官以及通过解剖所了解的人体结构，只不过是个体的人的情况，而人类历史的主要情况只能从不同气候条件下的各类人种中提取，人类历史要求的就是这些人种的具体特征。首要的、最显著的差异就是肤色的差异，第二位的是形体和高矮的差别，第三是各个民族的习俗上的不同：这些特征中的每一个特征都是就其整体而言的，而这每一个特征都能够提供我们写作一部巨著的材料，但是，我们将只局限于最普通且最确实的东西。

黑人（1749 年）

沙勒瓦神甫说塞内加尔人是所有黑人中体型最美、最容易管束、最适合做家务活儿的。他还说巴姆巴拉人 [1] 长得最魁梧，但是善于欺诈；阿拉达人 [2] 最善农耕；刚果人最矮小，善于捕鱼，但较难管教，经常逃跑；约鲁巴人 [3] 是最具有人性的；蒙东各人是最残忍的人；米姆人是最坚定、最任性但又是最容易绝望的人；克里奥尔黑人，无论其祖先是哪一个民族，都从其父亲母亲身上继承了服务意识和肤色，他们比来自非洲的黑人更加

---

[1]　上尼日尔的一个黑人民族。

[2]　非洲乍得一带的黑人。

[3]　主要居住在达荷美和下尼日尔之间的几内亚湾东部的一个黑人民族。

聪明、更加理智、更加机灵，但是却更加不喜欢干活儿，更加自由散漫。他还补充说道，几内亚黑人思想狭隘，智力有限，甚至有好多人显得愚笨至极，有人见到过一些几内亚黑人数数都数不过三，而且从来不动脑子，没有任何记忆，对过去与未来他们都茫然不知，不过稍有点智力的几内亚人，倒也善于说笑，很风趣，而其他的人则总是藏而不露，宁可死也不肯说出自己心中的秘密，但其生性又都很善良、很人道、很顺从、很简单、很轻信，甚至于很迷信，他们为人又很忠诚，比较英勇，如果我们能够教化他们，引导他们的话，就能将他们训练成很好的士兵。

尽管黑人不太有头脑，但他们毕竟还是有感情的，他们会根据别人对他们的态度，或高兴或郁闷，或勤劳或懒惰，或友善或仇恨。如果你让他们吃饱吃好，不虐待他们的话，他们会很高兴，很快活，替你干什么都行，他们会因此喜形于色；但是，当你对他们不好的时候，他们心里会非常难受，甚至有时候会郁闷而死；他们对别人的善意与恶意极其敏感，但凡虐待过他们的人，他们会对他怀有刻骨的仇恨；反之，如果他们喜欢上一位主人，他们为了表示对主人的忠诚与热爱，什么事都愿意去干。他们对自己的孩子，对于自己的朋友、自己的同胞天生地有着一种怜爱，甚至柔情；看到自己的孩子、朋友、同胞有了难处，他们会心甘情愿地分享自己的少得可怜的东西。因此，正如我们所见，他们有着金子般的心，有着所有道德的萌芽，我只要写到他们的历史，就必然会为他们的生活状况而伤心落泪。他们真的是很悲惨，落到受奴役的地位，只能不停地干活儿，却又什么都得不到。他们都已经到了这步田地了，还有必要如此这般地厌恶他们，殴打他们，像畜生似的对待他们吗？全人类都应该对这种由于贪婪而残酷地剥削压迫的可耻行径群起而攻之，如果我们的法律不去制止这些主人们的残暴，不去限制这些主人们对自己的奴隶的无情剥削的话，人类的愤怒之火也许会越烧越旺。主人们强迫奴隶们干活儿，却又不让他们吃饭，总让他们饿着，还恬不知耻地说奴隶们能抗饿。他们三天的口粮顶多只有一个欧洲人一顿饭的量。无论他们吃得怎么少，无论睡得怎么少，反正他们都得强忍着拼命地干活儿。稍有点人性的人怎么会这么干？怎么会形成上述这样的偏见并搬出种种理由来使自己的这种一心只想着追金逐银的贪婪合法化？……我们还是把这些狠心的人放在一边，让我们回到我们的主题上来吧。

一切都在证明人类并不是由人种各异的民族组成的，恰恰相反，在人之初，只有一种人，随后在全球发展扩大开来，因气候的影响，饮食的不同，生活方式的差异，传染病以及近亲繁殖而出现了很大的变化。一开始，这种变化并不明显，只有个别的一些变异，然后，逐渐地形成了人种的变异，因为上述同样的原因的持续不断的影响，使得这种变异变得更加普遍，更加明显，更加经常。这种变异已经并仍在一代一代地传下来，如同父母的残疾和疾病传给他们的孩子一样。最后，由于它们从源头上是由外在的和偶然的原因合力造成的，并经过这些原因的长时间的不断的证实并认为这种变异是经常性的，所以很可能它们也会随着时间的推移逐渐地消失，甚至，它们有可能会变得与今天不一样，如果这些原因不再存在了的话，或者如果在其他环境下并通过其他的结合而突然发生改变的话。

野蛮人与社会（1749 年）

我认为不应该大肆渲染野蛮人的民族风俗习惯。所有写文章讲述这个问题的作者都没有注意：自己向我们列举的所谓日常的风俗习惯只不过是少数人的个别行为举止，而且还是由环境或个人的任性所决定的。这些文章的作者跟我们说，有些民族会将他们的敌人杀了吃掉，有些会将自己的敌人烧死，还有的会将敌人砍手砍脚，有的人喜爱征战，而有的人则竭力地寻求和平的生活。有些人在自己的父亲老了的时候会将父亲杀死；有的父母会吃掉自己的孩子。所有这些故事都是旅行者们津津乐道，大肆渲染的故事，实际上这都是一些个别的情况，这也只是表明有某个野蛮人吃了他的敌人，某个野蛮人烧死了或肢解了他的敌人，某个野蛮人杀死并吃掉了自己的孩子，而这种情况可能在某一个或几个民族中确实发生过，因为任何一个没有规矩、没有法律、没有头领，而且又不是现今的社会的民族，其实并不算是一个民族，而是一些野蛮的和独立独断的人的一个混杂的群体，他们只是随心所欲、我行我素，没有共同的利益，所以不可能走向一个共同的目标，不可能按照我们大多数人所赞同的，一系列合理的意图所决定的规距行事。

按说，同一个民族是由互相认同，说着同一种语言的人组成的，必要时，他们会在一名首领的领导之下聚集在一起，各自拿起武器，以同样的方法发出呼喊，并且在脸上身上涂抹上同样的色彩。如果这些习俗是固定的，如果他们知道自己为何聚集在一起，如果他们并不无缘无故地分开，如果他们的首领并非凭着自己的任性以及他们的心血来潮行事，如果他们的语言并不是十分复杂，几乎人人都听得懂的话，那么，他们就是一个民族。

其实，他们脑子里的概念极少，所拥有的词汇也很少，只能表述那些最普遍的和最共同的事物，但是，这些词语中的大部分毕竟是不相同的。由于词语非常的少，所以他们在极短暂的时间里就能弄明白对方的意思。对于一个野蛮人来说，他很容易听懂并会说其他野蛮人的所有的话，而一个开化的民族要学会另一个开化民族的话就不这么容易了。

因此，不必过分地去渲染这些所谓的民族的风俗习惯，也许倒是有必要去研究一下单个人的本性。野蛮人确实是所有动物中最奇特的，最不为人所了解的，并且是最难以描述的。但是，我们很少去区分大自然所给予我们的东西和教育、模仿、艺术和例证所传达给我们的东西，或者我们经常会将二者混为一谈，所以如果野蛮人以其真实色彩和造就其性格特征的自然面貌展现在我们眼前的话，我们就会完全认不出他们来，这就不足为奇了。

一个地地道道的野人，比如科诺尔所说的那个被熊养大的孩子，比如那个在汉诺威森林中长大的年轻人，或者在法国树林中发现的那个小女孩，对于一名哲学家来说，可能就是一个奇观。他可以通过观察这样的一个地地道道的野人准确地估计本性欲望的力量，他能够看到后者真实的内心，他能够从中区分后者所有的本能的动作，而且也许还能够看出后者比自己身上更具有的温柔、宁静和清心寡欲，也许还能够清楚地看到野人比文明人更加有道德，丑恶只有在文明社会中才会诞生。

飞虫社会（1753 年）

在对单个的人和单个的动物作过比较之后，我将对社会的人和群集的动物作一比较，同时还将对我们在某些动物身上，甚至在那些最低等、最众多的动物身上所发现的那些技能，对产生其可能的原因进行一番研究。说实在的，关于某些昆虫的事我们还有很多东西没有谈到。我们的观察家们都在争相赞美蜜蜂的智慧和才能。他们说，它们具有一种独特的才能，一种只属于它们的技艺，也就是能很好管理自己的艺术，必须很好地观察才能发现它们的这种艺术。一个蜂群就是一个"共和国"，每一个个体只为群体干活儿，一切都是通过预见性的、公正的、极其严谨的方式安排、分配好的。雅典的管理方式都没有蜜蜂共和国这么有条不紊、文明有序。我们越是仔细地观察这个蜂群，就愈发地感觉到它的妙不可言：在蜂群中，管理基础永恒不变，始终如一，每一只蜂都在努力地工作，受到其他蜜蜂的尊敬，兢兢业业，快快活活，热爱集体，既孜孜不倦地干活儿，又忘我无私，小心翼翼，而且技艺之精湛令人叹为观止……如果我只是想要浏览一下这个昆虫共和国的编年史的话，只是想要从这些昆虫的历史中弄清昆虫史学家们赞叹不已的它们的特点的话，那我根本就说不完。

我们并不是凭一时的兴趣去研究这一题目的，我们越是更多地去观察，更少地去推理，我们就越是赞美有加。说实在的，我们对于蜜蜂的这种赞叹是由衷的，我们对于它们的道德品质，对于它们对共同事业的献身精神，对于它们的技艺之精湛，对于它们的那种我们新近发现的本能，真是又惊叹又惊羡。我们发现，它们就是凭借自己的那种本能毫不迟疑地解决了"在尽可能小的空间，通过最完美的布局，建起了最坚固的建筑"[1]这一问题！一只蜜蜂在博物学家的脑海里所占的位置并不比它在自然界中所占的位置大，而且这个奇妙的共和国在理性者的目光中，与我们的关系，只不过是向我们提供点蜂蜜而已。可我们为什么要如此这般地赞美它呢？

我在此并非在指责好奇心，我指责的是那些推理和惊叹。一个博物学家闲暇之时，注意观察它们的活动，仔细地观察它们的工作和工作流程，准确地描述它们的生殖、繁衍和变化，这是无可厚非的，但是我无法接受某些人所认为的它们具有道德伦理，具有神学观点，这些纯属那些观察者们杜撰出来的并大加渲染的它们的奇迹，仿佛它们真的具有超凡的智慧和远见卓识似的，观察者们还声称对此应作进一步研究。而这些人所大事渲染的它们的这种所谓的超凡智慧和远见卓识却是我们应该予以严厉驳斥的，我将给它们做出恰如其分的评价。

这些观察者们自己也承认，孤单地生活的这种小飞虫与群集的小飞虫是根本无法比拟的。少量地聚集在一起生活的蜜蜂与大量地聚集在一起生活的蜜蜂的智慧是有着很大的不同的。在所有的昆虫中，蜜蜂也许是组成群体的数量最多的昆虫，也是最具有智慧的昆虫。仅此一点难道不足以让人联想到，这种昆虫的智慧或才能的表象仅是一种纯粹的、机械性的结果，一种与数量成正比的运作的组合，一种只是因为依靠成千上万的个体的组合的复杂关系？大家难道不知道，任何关系、任何的混乱，当我们不明其原因的时候，只要它是经常性的，我们就会觉得那是一种和谐？大家难道

---

[1] 此处引述的是雷奥米尔（Reaumur）的话。

不知道，从对这种表象的假定到智慧的假定，只有一步之差，而人总是喜欢赞叹而不愿去作深入的研究吗？

因此，我们首先可以肯定，若将这些飞虫一只一只地、分别地进行观察的话，它们会没有狗、猴子和大部分动物聪明。同时，我们还会发现，它们并不像我们所想象的那样温驯、勤勤恳恳、富于感情，总之，它们的优点要比我们的少得多。基于此，我们应该可以做出结论：它们表面上的那种聪明只是源自蜂群集体的力量，而且，这种聚集在一起而形成的力量并不一定就能成就聪明，因为它们的这种聚集根本就不是因为道德观念，并不是因为它们的主观意愿而聚集在一起的。因此，可以认为这个群体只是由大自然决定的一种身体上的聚集，与任何的观点、认知、推理毫不搭界。一只母蜂在同一个地点同时产下了一万只蜂，那么这一万只蜂，即使比我所假设的要愚笨千百倍，它们也不得不为了继续生存下去而以某种方式相互协调：由于它们都是势均力敌地在互相争斗，即使以彼此伤害为开始，但是，由于互相伤害得太厉害，它们很快便选择了尽量避免这种内斗，转而开始和解，齐心协力于一个共同的目标。我们的观察家因此很快便赋予了它们一些它们并不具有的观点和思想，说它们的每一个行动都是有理由的，很快，它们的每一个运动都被说成是有其动机的。这么一来，那种种奇妙之说，或无数的推理便应运而生，因为这一万只蜜蜂是同时出生的，差不多也是同时蜕变的，所以它们不可能不都做同样的事情，只要它们稍有一点儿感知，就不会不具有共同的习惯，不会不关心它们的巢穴，飞远了之后不会不返回"家园"……观察家就此便认为它们懂得建筑学、几何学、秩序，具有远见，热爱自己的集体，一句话，热爱自己的"共和国"，这就是那些观察家们赞叹不已的依据。

大自然本身难道不足以让我们感叹不已了吗，我们又何必这么愚蠢地为那些本不存在，只是我们一厢情愿的所谓奇迹而惊诧不已呢？造物主难道不是因为其成果辉煌已经很伟大了吗？难道我们以为可以通过我们的愚蠢让他更伟大吗？如果我们这么干，那实际上是在贬低我们的造物主。究竟是谁从我们的造物主那儿看到最伟大的思想呢？是看见他创造世界，创造生命，按照永恒不变的规律建立大自然的人呢，还是寻找上帝，想要让他关注于如何引领一个拥挤不堪的飞虫共和国，忙于研究金龟子折断翅膀的方式的人呢？

在某些动物种群之中，有一类群聚的动物，它们似乎是根据对它们所组成的集体的选择而聚集在一起的，因此，它们的这种选择更多的是按照其聪慧和意图，它们远胜于蜜蜂们的选择，后者除了生理之必需外并无其他原则可循：大象、海狸、猴子以及其他好多种动物，它们会互相寻找、互相聚集，成群结队地出没，互助互救，遇到危险时，彼此保护提醒，步调一致。如果我们不那么经常不断地搅扰它们，如果我们能够像观察蜂群一样，方便而仔细地观察它们的话，我们想必会看到它们有许多奇妙的地方，不过，这些奇妙之处可能只是它们生理上的一些关系和协调而已。如果我们将许多同一种类的动物聚集在同一个地方，那它们就会像我们将在鹿和兔或其他的动物史中所要谈论的那样，必然会出现某种协调、某种秩序和某些共同的习惯。而所谓共同的习惯，并非因为有着一种明确的智慧原则，恰恰相反，只不过是一种盲目的模仿使然。

而就人类而言，社会更多的是由道德关系而非生理结合所决定的。人类首先搞清的是自己的强项与弱项，比较自己的无知与需求，他感到独自一人是不足以和不能够满足自己的多种需求的，他知道自己会拥有放弃无休止地利用自己的意志以获得支配他人的权利的长处，他思考过善与恶的问题，而且他还凭借造物主的慈悲为怀而赐予他的聪明才智把这种善恶观铭刻在心。他看到孤单零落对他来说是一种极其危险的状态，他在社会中寻找着安全与和平，他也将自己的力量与智慧奉献于社会，与他人相配合，以增强社会的力量，提高众人的智慧。这种聚合对人类来说是一件佳作，对于人的理性来说则是最明智的应用。确实，人只是因为他知道控制自己、管束自己、遵守法律，才会平安无事、才会强大伟大、才能征服宇宙。总而言之，人之所以为人，只是因为他懂得如何与他人相处。

确实，一切都有助于人的社会化。尽管很大的集体，很文明的社会肯定是取决于人类对其理性的应用，有时甚至是滥用，但是，这样的大集体、大社会先前无疑曾是一些小集体、小社会，它们可以说是只取决于大自然的。一个家庭就是一个自然体，由于其需求与关注更多，所以就更加稳定、更加牢固。人与动物很不相同，人在刚生下来的时候，几乎还无法生存，他是赤裸的、虚弱的，他无法走动，什么动作也做不了，无奈地忍受着痛苦，而他的生命完全依赖着别人的关怀照顾。童年时期的这种无能为力的虚弱状态要延续很长时间，因此依赖便变成了一种习惯，而父母与子女之间的感情因此也就油然而生了。但是，随着孩子日益长大，他已经能够不用过多地依赖他人了，身体方面有些事无须别人的帮助了。可这时候，父母却仍在更多地关注他，胜过关心他们自己，所以往往大人与孩子之间的爱不升反降：父母对他的爱变成多余、盲目、溺爱，而孩子则变得不冷不热的、木然的，只有到了懂事的年龄，知道感恩的时候，孩子才会恢复起对自己父母的爱来。

因此，甚至被视为一个大家庭的社会也是建立在人的理性的才能上的，而在似乎是自由的，因需求而聚集在一起的动物界，"社会"是建立在感觉的经验的基础上的。而在野兽的"社会"里，如同在蜜蜂的群体中一样，它们并不是刻意地聚集在一起的，所以不存在什么聚集的前提。无论野兽们聚集的结果如何，很明显的是它们的聚集并非因人类的捕杀而预先考虑、安排、计划好的，它们只是由普遍的机械结构和造物主建立起来的运动法则所决定的。如果我们将一万个由一种强力控制着的活动木偶放在同一个地点，由于它们外形和内部结构完全相像，而且其运动方式也是协调一致的，那么它们就会在这同一个地方做出同样的事情来。由此必然产生一种极其规律的动作，而且相等的、相似的与情景的关系便油然而生，因为它们是由我们所设定的相等的和一致的运动关系所决定的。另外，并列、体积和形状的关系也将存在于其中，因为我们设定了一定的、有限的空间。如果我们赋予这些活动木偶以最低限度的感觉，也就是说只让它能感觉到自己的存在，有利于自我的存在，避免有害的事物，接触合适的事物等，那么其结果不仅是有规律的、成比例的、位置固定的、相似的、相等的，而且它还好像是对称的、坚固的、合适的，甚至达到完美的程度，因为在制作它们的时候，这一万个单个的活动木偶中的每一个都在努力地以对自己最合适的方式调节着，而且，同时它还不得不被迫在运动，并以最合适的方式做着自己的动作。

自然状态（1758 年）

我们将只满足于回溯某些事实，尽管我们并不依赖眼下我们并不想更多地论述的感情和欲望的理论，但仅仅这些事实就足以证明自然状态下的人绝不只是以青草、谷粒或果实为满足的，他们像大多数动物一样，都在随时寻找肉食。

为一些新老哲学家所主张的，甚至受到一些医生推荐的毕达哥拉斯节食食谱，从来没被大自然所认可。在黄金时代的初期，人像鸽子一样天真幼稚，只吃橡果，只喝水。由于这些食物遍地皆是，所以当时的人无忧无虑地、独立地生活着，心境平和，与动物和平相处。但是，一旦忘掉了自己的高贵之后，他就牺牲自己的自由去与他人结合在一起，战争的铁器时代便取代了黄金般的和平时代。残忍、嗜肉嗜血成为一种堕落的本性的最初结果，而习俗和艺术则最终完成了本性的腐败。

这就是某些严苛的、性情粗暴的哲学家一直在谴责社会人的地方：他们通过贬损整个人类以提升自己的高贵，便描绘出这样的一幅图景，而这幅图景只不过是为了形成反差而已，另外，也许是因为有的时候向人们提供一些幸福的幻梦是有好处的。

那种天真无邪、气质高雅、不沾荤腥、心境平和、心若止水的理想状态真的有过吗？这难道不是一种寓言、一种神话，把我们当作动物似的，提供给我们一些教训和例证吗？我们是否可以假设在社会出现之前就已经有道德存在了？我们是否可以真诚地说，这种野蛮状态值得我们去怀念？能不能说，野蛮人比文明人更高贵？是的，可以这么说，因为所有的不幸都源自人类社会。如果有那么点幸福，如果人在这种状况下比他现在的状况稍好一点，那么，在这种原始状态之下，有没有道德又有何妨？难道自由、健康、力量不比奴役状态下的虚弱、情爱，甚至肉欲更好吗？当然，没有痛苦胜过享乐，可是，只要不痛苦，就什么都不企盼了吗？

如果真的是这样，我们就可以说，凑合着活比好好活着更温馨，无欲胜过有欲，昏睡比睁开眼睛去观看感觉要好。这么一来，我们就等于是在让我们的灵魂麻木不仁，让我们的思想永不开窍，永远不必再动脑筋想问题，让自己连动物都不如，最终只是成为大地的一堆废料而已。

不过，与其这么争吵不休，不如讨论讨论。在说过一些道理之后，我们将拿出一些事实来。摆在我们面前的并不是那种理想状态，而是自然的真实状态。那些生活在荒漠中的野蛮人是心境平和的动物吗？他们是幸福之人吗？我们将不会像人类最自豪的评判者之一的哲学家那样，假设原始人与野人之间存在着一个很大的差异，假设艺术和语言开始创造之前的，已经逝去的年代要比完善符号和语言的岁月长得多，因为在我看来，当人们想要对事实进行推理判断的时候，必须排除假设，一定要把大自然提供给我们的一切深究细考之后，才能得出一种法则来。因此，我们便看到了人们不知不觉地从最明智、最文明的民族下滑到不太聪明的民族，再由后者下滑到另外一些更加粗鲁但仍然受制于君王、受制于法律的民族。这些粗鲁的人和野人，他们并不完全相像，在他们中间我们可以发现在文明人中所看到的那种千差万别。其中有一些人组成了一些人数众多而又屈从于一些头领的民族，而另一些人数较少的民族只是依循习俗在生活。最后，是一些最独立的个体，他们组成一些家庭，由其家长管辖。帝国、君王、家庭、家长，这就是社会的两极：这两极也是大自然的边界。如果它们扩展到边界以外去，那我们在穿越地球上最荒凉寂寥的地方时，就见不到一些不会说话、听不见声音、看不懂手势的，像动物似的人，以及分开的男女，被遗弃的孩子等了。我甚至要说，除非能证明他们的身体结构与现在的身体结构完全不同，能证明他们的生长发育非常迅速，否则就不可能认定人类即使不组建家庭也能生存下来，因为如果孩子小时候多年无人照料救助的话，是会夭折的，他们不像动物，生下来之后只需要母亲照顾上几个月就足够了。人的这种身体需求就足以证明人类只有依赖社会才能延续，才能繁衍，足以证明父母与自己的孩子们的聚合是自然的，因为它是必不可少的。而这种聚合必然会在父母及孩子之间产生一种持久的彼此眷恋，只此一点就足以让他们相互之间习惯彼此的手势、动作、声音，一句话，就是习惯彼此的所有感情上的和需求上的表情。这一点同样也被事实所证明，因为最孤独的野人也同所有其他人一样，也在运用手势和语言。

因此，所谓野蛮状态也是为人所知的一种状态。他们是生活在荒漠中的野人，但同样是一家一家地生活在一起，他们认识自己的孩子，而自己的孩子也认识他们，他们通过自己的话语彼此交流。在香槟省发现的那个野女孩，在汉诺威森林中找到的那个男人，都在证明上述这一点。他们曾经生活在一种完全的孤独之中，因此不可能有任何社会的概念，根本不会使用手势和语言，但是，如果他们碰到了一起，由于本能的驱使，快乐会让他们相聚在一起的。他俩会相互依恋，很快便会融洽，起先，他们会说一些彼此爱慕的话语，然后，他们便与自己的孩子们说些亲切的话语了。上述这一男一女两个野人，原本是来自人类社会的，但并非一生下来就被扔到荒野之中，那样的话，他们早就夭折了。他们想必是在五六岁的时候，也就是身体已经长得较为结实了，能够自己觅食了，才遗失的。不过，这时候的他们，年纪尚小，记忆力还不强，小时候大人跟他们说的事，他们已经记不起来了。

让我们来观察一下这种纯自然状态之下的有家室的野人吧。只要这个家庭稍许兴旺一点儿，这个野人很快就将成为一个人数日增的群体的头领，其成员将过着同样方式的生活，遵从同样的习俗，说同样的语言。到了第三代，顶多是第四代，将会出现一些新的家庭，这些新家庭是独立生活的，但是，共同的习俗、共同的语言始终将它们联系在一起，因此它们将组建成一个小的部落。而随着时间的推移，这个小部落会不断地发展壮大，并根据发展情况，或变成一个民族，或处于我们所知道的类似于野蛮民族的那种状态之中。这主要取决于这些新人类与文明人类交融的程度或居住的距离的远近：如果是在气候温和、土地肥沃的地方，他们就可以自由地占有一个很大的空间，而走出这个空间，他们遇到的将只是孤单寂寥，或一些与他们一样的新人类，那他们仍将成为野人，或者因为其他一些情况，变成他们的邻人的敌人或朋友。而如果他们处于气候条件恶劣、土地贫瘠的地区，他们将因人口越来越多而拥挤在一起，空间因而变得狭小，那他们便会互相争斗、彼此侵占、四处扩张或与其他民族混合，以致成为其他民族的征服者或奴隶。因此，在各种状态下，在各种环境中和在各种气候条件下的人，都同样是趋向于社会的。这是一个必然原因导致的一个固定结果，因为社会是人类所必需的，也就是说人类要繁衍，要发展。

这就是所谓的社会。如大家所见，社会是建立在大自然的基础上的。我们在观察研究我们发现的野人的饮食习惯的时候，发现他们谁都不是只依靠水果、青草或谷粒而生活的，他们都更喜欢鱼和肉，而且不喜欢喝河水，他们想尽办法自己制作或找到一些可口的饮料。南方的野人喝棕榈树的汁，而北方的野人则爱喝让人恶心的鲸鱼油，还有一些野人自己酿造发酵的饮料，一般来说，他们全都口味重，喜爱浓烈的饮料。由最初级的需求和天生的食欲发展出的他们的技能，只局限于制作一些打猎捕鱼的工具。弓箭、大棒、渔网、渔船就是他们最高的技艺，这些工具都是为满足他们的食欲而制作的。不过，既然适合他们的口味，那也就是在适应他们的本性，因为正如我们已经说过的那样，人不能只是靠吃草生存，如果他不吃一些更富于营养的食物，他就会患营养不良症。人只有一个胃，而且肠道很短，不像牛，它有四个胃，肠道又很长，所以人无法一次吃下那么大量的不太有营养的食物，而牛这样的动物则是在以数量补充质量。同样，水果和谷物也是如此，光吃它们也是不够的，必须吃大量的水果和谷物才能保证营养所需的足够的有机质。尽管面包是用精选的小麦制作的，尽管小麦本身和我们其他的谷物、蔬菜已经大加改良，比野生谷物更富于营养，但是，如果人只靠面包和蔬菜生活，那也将是萎靡不振、浑身乏力的。

你们看看那些因崇尚神灵而节衣缩食的孤独的苦行僧，他们拒绝造物主的恩赐，脱离社会，离群索居，自闭于不受风吹雨打的圣堂中，禁锢于好似活人坟的避难所里，周围弥漫着死亡的空气，以致人人面若死灰、双眼黯淡、了无生气，好像只是靠着信仰才勉强地存活着。他们只是因为身体的需要才进食。尽管有信仰在支撑着（因为大脑在支配着身体），但他们毕竟苟延残喘不了多时。他们并不像是活着，而是每日都有提前而至的死亡在追逐着他们，而且他们的死亡并不意味着生命的结束，而是表示自己已经完成了死亡的过程。

前文补遗（1777 年）

在我的《自然史》这部著作的整个篇章中，也许没有哪一篇像"人种的多样化"这一篇更需要加以补述和修正的。不过，我在写这一主题时视野还是广阔的，我赋予了它所应有的全部关注。但是，我深切地感到有很多的情况，我是被迫地信赖了那些最可信的旅行者们的叙述了。遗憾的是这些在某些方面是可信的叙述，在其他一些方面却并非如此。那些劳大驾跑到很远很远的地方去观察情况的人，以为把所看见的东西写得非常美才不虚此行。出远门归来时无任何特别的东西向人展示和叙述，那还跑那么远干什么呀？因此，那么多的旅行者便用一些天方夜谭、离奇古怪、夸大其词的东西把自己的记述给玷污了，还以为这么做是在美化自己的作品呢。一个头脑清醒的人，一个颇有修养的哲学家一眼便能看出这是些纯属捏造的东西，它们是对大自然的真实与秩序的亵渎。一个脑清目明的哲学家是能够分辨真伪、好丑的，他尤其对夸大其词很有戒心。但是，在那些纯属简单描述的事物中，在那些一看便知是怎么回事的事物中，如何去分辨那些似乎只是基于一些既简单又无足轻重的事物的错误呢？当你没有看到讲述者的错误的根源，甚至没有猜到致使他说假话的真实动机的时候，你又怎能不把讲述者信誓旦旦地说的所有一切认作真实的呢？只有随着时间的推移，这类错误才可能被修正，也就是说，当大量新的证据出现，将原先的东西推翻的时候，人们才能弄清事实真相。我是三十年前写下这篇有关人种的千变万化的文章的。在这一期间，有不少人做过多次旅行，其中有几次是一些有知识、有文化的人做的旅行，他们对沿途的所见所闻进行了修正。我就是根据他们带回来的新情况才试图真实地反映事物的原貌的，也就是说，我把我过于轻信的第一批旅行者的一些事情去除了，或者说更正了一些批评者不恰当的批评意见。

塔希提人（1777 年）

塞缪尔·沃利斯[1] 说：

"塔希提岛民高大魁梧、机警敏锐、精力充沛、仪表堂堂。男子身高一般为五尺七寸到六尺；女子身高一般为五尺六寸。男子肤色黝黑，头发通常是黑色的，有时是褐色的、棕色的或者金黄的，后几种头发颜色很抢眼，因为南亚人、非洲人和美洲人的天然发色都是黑色的。男孩和女孩的头发通常是金黄色的。女人们全都非常漂亮，有一些甚至非常俊俏秀美。塔希提岛民好像并不把禁欲视为一种美德，因为他们的女人公开地卖春。她们的父亲、兄长往往亲自带她们去卖春。他们知道美丽的价值，因为大家要求享有女人的乐趣的最大价值总是与女人的风情美貌成正比的。男人和女人的服装都是用一种白布料裁制的，这种布料很像中国的那种宣纸，是用树木的内层皮或韧皮部浸泡之后的木浆或纸浆制成的。羽毛、鲜花、贝壳和珍珠是他们的装饰品，女人们尤其爱戴珍珠饰品。男人和女人都习惯于在臀部和大腿背后画上很密的黑道道，表现的是各种形象；十二岁以下的男孩女孩则没有这些标记。

"他们吃猪肉、家禽、狗肉和煎鱼，吃面包果、香蕉、薯蓣和另一种味道不好但却胜过烤面包果的水果，而且是经常食用它。岛上老鼠非常之多，但我从未看见他们吃老鼠肉。他们用渔网捕鱼。他们利用贝壳做刀具。他们没有陶罐烧水喝。他们好像没有其他饮料，只喝生水。"

---

[1] 英国航海家，曾于1766年率领英国船队远征马鲁因岛（即今天的马尔维纳斯群岛），早于航海家库克在太平洋的探险。

布干维尔[1]向我们提供了一些更加确切的有关塔希提群岛的情况。根据这位著名的旅行家的描述,好像塔希提岛民寿命都很长,都是无疾而终,而且直到老死时仍然头脑清醒,并无痴呆衰老状。

"总之,当欧洲的女性涂脂抹粉的时候,塔希提岛的女人们则是在腰间和臀部涂抹一种深蓝的颜色。这是一种美的装饰,同时也是一种显贵的标志。男人和女人都要穿耳朵眼,以便戴珍珠和各种花朵。

"笛子和鼓是他们唯一的乐器。他们并不把贞洁当回事:男人们将他们的姐妹或女人奉献给外族人,以示敬意或作为回报。他们放荡不羁,淫乱不堪,以致令人们自世界之初直至今日都在提及,而其他各个民族都望尘莫及。

"在他们那儿,婚姻只是男人和女人的一种契约关系,祭司从不介入。他们施行割礼并无其他目的,只是为了清洁卫生。这种手术严格说来并不能称之为'割礼',因为他们并不是把包皮切去一圈,而只是在上部切开一条缝,免得龟头的包皮重新长合起来,而且只有祭司可以施行这种手术。"

白种黑人(1777 年)

通过对所有新发现的而我们又未能在"人种的多样性"那篇文章中列举出来的那些民族的描述,似乎那些大的差异,也就是说那些主要的区别完全取决于气候的影响。我们所说的气候不仅指的是纬度比较高,而且也指地势的高低凸凹,以及它们离大海的远近,它们受风力的影响,特别是受东风的影响,总之,是指所有那些共同形成一个地区的气温的情势,因为正是这种或冷或热的、或潮湿或干燥的气温在决定人的肤色,甚至在决

---

[1] 法国著名航海家(1729—1811),著有《环球旅行》等。

定着动物和植物的种类，它们只生存于该地区而非其他地区。因此，这种气候条件也造成了人的食物的不同，这也是大大影响人的气质、性格、高矮和力量的一个原因。

关于灰白肤色人和白种黑人。除了那些因普遍的原因而造成的不同人种外，还有一些特殊的人种存在着，我觉得其中有这么几个人种具有一些极其怪异的特点，而我们尚未能搞清他们之间的一些差异。我们曾谈到的那些灰皮肤人，他们与白人、纯黑人、卡菲尔黑人[1]、黝黑皮肤人、红种人等有所不同，比我曾经讲述的分布要广。他们分布在锡兰[2]，被称作"伯达人"；在爪哇岛，被称作"查克莱拉斯人"或"卡克莱拉斯人"；在美洲地峡，被称作"阿尔比诺斯人"；在其他一些地区，被称作"东多斯人"。人们也将他们称作"白种黑人"。他们现在分布在亚洲的南印度、非洲的马达加斯加、美洲的卡塔赫纳和安的列斯群岛。我们刚刚看到在南海诸岛也有这样的人种，因此，我倾向于认为各种种族和各种肤色的人有时候会生出一些灰肤色个体来，而在所有炎热的气候条件下，有一些种族会生出这种退化的人种来的。不过，根据我所能收集到的材料来看，我觉得这些灰肤色人只会形成一些退化的不育支脉，而不会形成人种中的一个主支或真正的人种，因为我们可以相信男性灰肤色人不能或几乎不能传宗接代，即使是与黑人女性交媾也不会生孩子的。不过，有人却声称女性灰肤色人与黑人男性结合则会生出一些黑白双色的孩子来，也就是说生出一些有黑白点的孩子，那黑点既大又显眼，只是不太规则均匀而已。这种本质的退化在男性中比在女性中的比例似乎更大一些，而且有多种理由让我们相信这是一种病态人种，或者说是身体组织中的某种损伤，而非一种对本质的损害，它是不会扩散开去的，因为我们只发现了一些个体，而从未发现有这样的整个家庭存在。而且，我相信如果这些个体万一真的生下孩子来，

[1] 主要指非洲东南沿海一带说班图语的居民。

[2] 今天的斯里兰卡。

那这些孩子也都是接近其父亲或母亲的原始肤色的。我还认为，东多斯人与黑人结合会生出一些黑孩子，而美洲的阿尔比诺斯人同欧洲人结合会生出一些黑白混血儿来。我从其书中引述上述两个例子的施赖伯先生还说道，我们还可以让黄种或红种的黑人与东多斯人结合（后者的头发与其肤色相同，或黄或红），但他们也只是生下几个个体而已。他说有人在非洲和马达加斯加岛发现过这种人，但是谁都还没有发现随着时间的推移，他们的肤色发生了改变，变成了黑人或褐色人种，总之，人们见到的他们始终保持着原先的肤色。不过，我对所有这些情况的真实性深表怀疑。

这位《两个印度的哲学与政治史》的真正的哲学家作者说道："在南美的达连有一种个子矮小的白人人种，有人在非洲以及亚洲的几座岛屿上也见到过这种人种。他们身披洁白的羽毛，没有头发，但长着绒毛。他们的瞳孔是红色的，只有夜间才看得清东西。他们体质很弱，本性比其他的人种显得更内敛。"

我们将把这些描述与我自己对一名白种黑人女性的描述加以比较；我有幸有机会亲自观察了她，并给她本人画了一张真人大小的全身像。这个女孩名叫热纳维耶芙，1777 年 4 月我对她进行观察并绘画的时候，她将近十八岁。她的父母都是黑人，住在多米尼克岛；这就证明她是阿尔比诺斯人生的，他们不仅生活在离赤道 10 度，而且直到 16 度或 20 度的地方，因为有人肯定地说在圣多曼格岛和古巴见过他们。这个白种女孩的父母是从非洲黄金海岸过来的，夫妻俩都是黑人。热纳维耶芙全身雪白，身高为四尺十一寸多，而且身体比例很好。

Methods and theory

[fang fa yu li lun]

方法与理论（1749 年）

一种方法

种种困难

他随后在相继地并按照顺序地观察了宇宙万物，并成为上帝的创造物之首的同时，惊讶地发现人类竟然能够几乎不知不觉地便从最完美的创造物逐渐下降到最不完美的物质，从发育最好的动物变为最粗糙的矿物。他不仅从高矮形状中，并且从运动中、繁衍中、各种承继中发现了这些微妙的差异。

我们在深入研究这一看法时，清晰地看到不仅对整个自然史，甚至是对它的一个分支，都不可能提出一个总的体系，因为要创立一种体系、一种排列，总而言之，一个普遍的方法，就必须将所有一切全都包括在内。必须将这个全部划分成不同的纲，把这些纲又划分为属，再将属划分为种，而这一切又必须遵循一种顺序，这中间就必须有那个裁决者。但是，大自然是在未知的渐进中发展的，因此它不可能完全依从这些划分，因为它从一个种类过渡到另一个种类，往往还从一个种属过渡到另一个种属，而且是不易觉察地产生这些差异。因此，就会出现大量的中间属，出现大量的相互参半的东西，人们竟然不知将它们归于何处，这就必然扰乱了总的体系。这个事实太重要了，所以我将竭尽所能地把它弄个一清二楚、明明白白。

我们就拿自然史的最美丽的部分——植物学为例吧。由于它的功用之大，所以它在任何时候都值得细心研究。而且，也让我们仔细地审视一番植物学家们向我们提供的所有方法的原则吧。我们将颇为惊讶地看到植物学家们全都试图从他们的方法中全面了解植物的所有种类，但是，我们也看到他们中没有一个人获得完全的成功。在这些方法的每一种之中，总是有这么一定数量的异常植物，它们的种类是介乎两种种属之间的，而植物学家对它们的定性是不可能说得准的，因为他们找不到很好的理由将这类植物归于这两个种属中的一个或另一个。确实，将一种方法确定为完美的方法，这是不可能办到的事情。必须撰写一部大作，确切地介绍大自然的所有种属，可是，每天，即使我们从最丰富的植物学中汲取到所有的已知的方法和各种各样的手段，我们也会遇上一些种类的植物是我们无法将之归于这些方法中的任何一类的。因此，在这一点上，经验与理性是可以互补的，我们应该承认我们是无法在植物学方面提出一种普遍的和完美的方法的。

评论

如果我想要把组成我们刚才看到的那个体系的那些看法不厌其烦地赘述一番的话，我本会像伯奈特或惠斯顿一样，写出一本厚厚的书来，并且，像惠斯顿那样，在赋予这些看法以严格认真的模样的同时，给它们以重大的影响，但是，我在想，假设的东西无论有多么像是真实的，都绝不可以带着一点江湖骗子的模样加以处理的。

这就是上帝创造万物的故事，这就是大洪水的原因，最初的居民们长寿的原因，地球面貌的形成原因。所有这一切似乎并未让我们的那位作者有任何的损失，但是，挪亚方舟却似乎让他大为不安：在这么可怕的一种混乱当中，在这星球大乱、天翻地覆当中，在这地球的一片废墟当中，在这不仅大地的元素混合在一起，而且从天上和地下又冒出一些新的元素来添乱的可怕的时光当中，这让人如何想象得出呀！让人如何去想象挪亚方舟载着它的全部装载物迎风破浪，稳稳当当地航行呀！在这里，我们的那位作者做出了巨大的努力在想象，并且对挪亚方舟的存在提出了一个物质的理由，但是，由于他的理由让我觉得很不充分，想象得不好，而且也不正统，所以我将不予以阐释了，我只需让大家感觉到对于一个解释一些如此重大的事情而又不求助于超自然力或奇迹的人来说，要让他被一个特殊的情况所止住，那是多么痛苦艰难啊！而且，我们的这位作者宁愿冒着与方舟一同淹没的危险，也不愿意像他应该做的那样，把这艘宝贵的方舟的存在归之于救世主的慈悲为怀。

我将只对我刚才做出忠实的介绍的这一体系提出一点：每当我们武断地想要通过一些物理理由来解释神学的真理的时候，每当我们自作主张地想以纯粹人文的观点去阐释圣书的神圣篇章的时候，每当我们想要就上帝的意志和执行他的旨意进行推理的时候，我们必然会陷入该体系的作者落入的那种混乱浑黑之中，而他却一直是大受欢迎的呀：他既不怀疑大洪水的真实性，也不怀疑圣书的真实性，但是，由于他对这些真实性并不如对物理学和天文学的关注，所以他便把圣书中的那些描述看作物理学的事实和天文学的观察结果，他把神的科学与我们人的科学极其怪异地掺和在了一起，因此出现了最特别的世界大事，也就是我们刚才所介绍的那个体系。

伯奈特的这个体系标本足以让我们产生一种想法：这是一部写得很好的小说，一本我们可以读着消遣的书，但是却不能借以参照，增长知识。这位作者并不了解地球上的那些主要的现象，对所有的观察一无所知。他完全是在凭空想象。如大家所知，这种想象是有意在损害真理。

我说的这些足以让大家看到这位作者所考虑的体系是什么样的了。以这种方式猜测过去，并预测未来，而且几乎像其他那些人一样地去猜测过去和预测未来，我觉得这并不是在作出什么努力，而且这位作者知识面广，非常博学，但看法却并不正确而且也不带普遍性，我觉得他缺乏对物理学家们来说必不可少的一个部分，缺乏将单个的看法聚集在一起，并使之更具有普遍性，使思想提高到能够看清因果关系的高度的那种形而上。

　　名声很大的莱布尼茨[1]于1683年在他的一部著作中提出了一个非常不同的体系计划。按照布尔盖和其他的那些学者们的看法，大地应该是被大火焚烧殆尽的。而按照莱布尼茨的看法，大地却正好是从那时开始的，而且它经受了比我们想象的要多得多的变化和变动。在摩西说光明与黑暗分开的那个时期，大地的绝大部分物质被一场大火焚烧了。行星以及地球从前曾是固定的而且是自身发光的星球。莱布尼茨说，在它们燃烧了很长时间之后，因为燃烧物质已尽，它们便熄灭了，变成了一些黑暗的物体。被大火熔化的物质形成了一个玻璃化的硬壳，而构成地球的整个物质的基础就是玻璃，其中的砂石只是一些碎块；泥土的其他种类则由这些砂石与一些盐和水混合在一起而构成。当这个硬壳冷却之后，变成蒸气的潮湿部分又重新下凹，形成了大海。它们首先覆盖了地球的表面，甚至漫过了今天已是大陆和岛屿的最高的地方。根据这位作者所说，我们随处可见的贝类以及大海的其他残留物就在证明大海曾经将整个大地给覆盖住了。而被埋藏在地球内部的大量的盐、沙和其他已经熔化和炭化了的物质表明，这场大火烧遍了整个地球，并且是先于大海出现的。尽管这些看法缺少依据，但是它们却是了不起的，我们可以感觉到它们是经过一位伟大的天才深思熟虑后的产物。看法是有所关联的，假设也并不是不可能的，而我们从中得出的结论也不是矛盾的。不过，这个理论的最大缺陷在于它并不适合于地球的现状，它解释的是过去，而这个过去又是那么遥远，给我们留下的遗迹少之又少，以致我们无法从中找到我们想要找到的论据，而只要稍有

---

[1]　德国著名的哲学家和自然科学家（1646—1716）。

点智慧的人就可能说出一些比这一理论更令人信服的东西来。如果像惠斯顿认定的地球曾是一颗彗星，或像莱布尼茨所说的地球曾是一个太阳的话，那就等于在说一些既是可能的又是不可能的事情，而对这些事情又无须规定一些可能性的规则。说大海从前覆盖了整个地球，说它将地球整个地包裹了起来，而且正因为如此我们才到处可见一些贝类，这等于是在忽视一个非常重要的东西，那就是创造的时间的单一性，因为必须指出，我们在地球内部发现其残骸的那些生活在海洋中的贝类和其他生物是最早生存着的生物，它们大大地早于人和陆地动物。我们撇开圣书中的那些说法，难道就没有理由认为所有的动物和植物差不多是一样古老的吗？

结论

毋庸置疑，地球表面发生了无穷无尽的变革、颠覆、特殊的变化和破坏，这既是由于海水自然运动的缘故，也是由风雨、冰雹、流水、地火、地震、水灾等造成的，因此大海便不断地侵蚀陆地，特别是在混沌初开的时候，那时大地的物质要比今天松软得多。但是，必须承认我们只能片面地判断自然的不断变化，必须承认我们无法判断那些偶然性变化，以及破坏的结果，而且由于缺少历史遗迹，所以我们更难了解事实真相，加之我们又缺少经验，因而不能了解那个时期，而这个时期在大自然中是存在的，我们只能凭空去想象而已。我们希望把过去了的那些岁月和未来的时日放回到我们今天生存着的这段时间，但却没有考虑到这段时间、这段人生、这段历史长河中的人生，只不过是长河中的一个点，只不过是上帝创造的历史中的一段事实而已。

一个理论

关于总的繁殖

让我们仔细研究一下动物和植物共同具有的这一特性。这种繁殖同类的能力，这种个体的继续存在的链条，维系着种属的真正存在。我们并不专注于人类或者动物的某一种属，而是总体上去观察繁殖的现象，把一些事实聚合起来，使我们形成一些看法，并将大自然繁殖有机生物的各种方法排列出来。第一个方法，我们认为也是所有方法中最简单的，就是将无穷无尽的类似的有机生物聚合在一种生物之中，将它的物质完全组织起来，让它的每一部分都包含着同种属的一个胚原基，而且，使之本身因此变成类似于胚原基存在于其中的那个整体的一个整体。这种器官似乎首先意味着巨大的消耗和旺盛的繁殖能力，但是这只不过是大自然的一种较为平常的杰作，它在一些共同的和低级的种属中普遍存在着，比如蠕虫、珊瑚虫、榆树、柳树、醋栗以及其他好些植物和昆虫，它们的每一部分都包含着一个整体，它们的每一部分的生长发育都能变成一个植物或昆虫。从这一观点去看待有机生物及其繁殖的话，个体只不过是在其内部的各个部分中不变地组织成的一个整体，一个无数的类似的形象和相似的部分的组合，一个胚原基或同种属的小的个体的组合，它们全都可以根据环境以同样的方法生长发育，并且全都组成一些新的如同最初的那一个一样的组合。

如果我们将这一观点深入研究下去，我们就能从植物和动物中找到它们与矿物之间的我们不曾怀疑的一种关系。盐和其他几种矿物是由互相之间有所相似并与其所组成的整体相似的部分构成的。一粒海盐就是由无数的其他颗粒组成的一个颗粒，我们可以通过显微镜分辨出它们来，而这些小的颗粒本身又是由其他一些更小的颗粒组成的，在高倍显微镜下，可以分辨得出来，而且，我们不可能不怀疑这粒盐的那些初始的组成部分也同样是由一些小颗粒组成的，只是我们的肉眼看不出来，而且我们也想象不出来。能够通过其各个部分增长和再生的动物和植物是一些有机体，这些有机体又是由其他一些有机体组成的，后者的初始的组成部分也是有机的和类似的，而且我们可以通过肉眼分辨它们聚集的数量，但是我们却只能通过推理和我们刚刚创立的类推法来发现那些初始部分。

　　这致使我们认为在自然界中有着无数的今天仍存在着的、活着的有机部分，而且其物质与有机生物的物质是相同的，它们有着如同我们所知的，那些天然物体所有的、相似的天然分子。正如也许必须有数百颗微小的盐颗粒聚集起来形成一粒明显的海盐颗粒一样，必须有数百万个类似于整体的有机部分来组成一棵榆树或一个珊瑚虫的个体所含有的胚原质中的一个。正如必须将一粒海盐分开、弄碎和分解，以便通过结晶的方法发现其组成的那些细小颗粒一样，也必须将一棵榆树或一个珊瑚虫的各个部分分开，然后通过生长、发育的方法辨认出包含在这些部分中的小的榆树和小的珊瑚虫。

　　因此我觉得，通过我们刚才的推理可以认为，在自然界中真的存在着无数的微小的有机体，它们总体上都与存在于世界上的那些大的有机体是相像的，而且这些小的有机体是由组成动物和植物的，那些相同的、活的有机体组成的，这些有机部分是一些初始的和不变质的部分，而这些部分的聚合在我们面前就形成了一些有机生物，因此，再生或繁殖只是一种形式的变化，它是通过那些相似部分的增加实现的，如同有机生物的毁灭是通过这些相同的部分的分裂而达成的一样。

因此，让我们来寻找一种假设，这种假设没有任何我们刚才所谈到的缺陷，通过这一假设我们不会陷入我们刚才所讲述的任何一种尴尬局面。如果说我们不能够成功地解释大自然为了进行繁殖而采用的方法的话，那至少我们能够找到到目前为止人们尚未找到的某种更好的解释方法。

正如我们可以做一些模子来做出我们所喜欢的面部模型一样，我们可以假定大自然也能做出一些模子，通过这些模子，大自然不仅能做出外形，而且还能做出内部的模型，这难道不是可以利用来进行繁殖的一个办法吗？

我们首先要弄清楚这一假设是建立在什么基础上的，仔细研究它中间是否包含着任何的矛盾之处，然后我们再看看我们可以从中得出什么样的结论。由于我们的感官只能从物体的外观进行判断，所以我们能够清楚地了解外观上的疾患和表面不同的面貌，但是我们无法仿效大自然，无法像绘画、雕刻和制模那样通过不同的表现手法来塑造外貌。然而，尽管我们的感官只能判断事物的外观的特质，可我们仍然能够了解到生物的一些内在品质，其中有一些特质还是带有普遍性的，比如重力。这种特质或者说这种力量并不相对地作用于表面，但却是按照比例地作用于整体，也就是说，作用于物质的量。大自然中有着一些质，甚至是极其活跃的质，它们能够进入生物体最隐秘的部位。我们将永远也弄不清楚这些质，因为正如我刚才所说的，它们不是外在的，因此我们的感官感觉不到它们，但是我们却可以比较它们的结果，这使得我们可以从中找到一些类似的地方，以便获知同种属的质的结果。

如果我们的眼睛不是只让我们看见事物的表面，而是能够让我们看清事物的内部的话，我们对事物的内部就会有一个清晰的了解，而不至于只是从表面去加以判断。根据这一假设，我所说的大自然所使用的内部的模子，我们就能很容易地看出来，而且还能让我们想象出我们的外部形象就是那个模子所表现出来的样子，甚至那些进入到事物内部的特质也将是我们能够明确了解的唯一的一些特质，那些只作用于表面的特质是我们可能并不了解的，在这种情况之下，我们将会拥有一些办法来模仿事物的内部，如同我们有办法模仿外部一样。我们永远也得不到的这些内部模子，大自然能够提供给我们，如同大自然拥有重力的种种特质，它们确确实实地进入到了内部。对这些模子的假设是建立在一些良好的类比上的，现在的问题是要研究这种假设是不是隐藏着什么矛盾。

大自然的活跃的力量只有在受到物质的抵抗时才会停止，而这些物质由于并非全都属于组织所需的类型，所以并不会转化为有机物，而这正向我们证明了大自然并不趋向于创造一些天然材料，而是创造一些有机物，当大自然没能达到这一目的时，那只是因为存在着一些不适的东西在从中作梗。因此，似乎大自然的主要目的确实是在创造有机体，并且尽可能地创造出许许多多的有机体来，因为我们说过榆树的种子，这一道理适用于所有其他的种子，而且很容易证明，如果从今天开始，我们让所有的母鸡下的所有的蛋全都孵化出来，而且在三十年中，我们细心地让这些小鸡下蛋再孵小鸡，而又让它们一个都不死的话，到了三十年后，把它们全都一只一只排好，准能将地球表面覆盖住。

在考虑这种计算的同时，人们将了解这一奇特的想法，人们将知道有机物是大自然最平常的创造，而且它对大自然来说是花费最小的，但是，我考虑得更远，我觉得人们对物质所要进行的总的划分应该是"活的物质"和"死的物质"，而不称之为"有机物质"和"天然物质"。天然物质只是死的物质，我可以通过大量的贝壳和其他一些动物残骸来证明这一点，这些动物残骸变成了石头、大理石、白垩、泥灰岩、土壤、泥煤以及其他好多种我们所说的"粗糙物质"，而这些所谓的"粗糙物质"实际上却是动物和植物的残骸和死亡部分。

一具动物躯体就是一种内部模子，促进动物生长的物质就在其中制模成形，以致虽然没有使各个部分的秩序和比例有任何的变化，但却在每一个各自独立的部分中促成了增长，而人们所称之为发育生长的正是这种体积的增长，因为人们认为，说动物小的时候与大的时候都是一样的，这是不无道理的，因此不难想象动物的各个部分的发育生长是伴随着一种次要的物质在每一个部位按比例地增长而来的。

但是，这同样的增长，这种发育生长，如果我们想要弄得一清二楚的话，就得知道这种增长是怎么形成的。这就必须观察动物的躯体，甚至要观察它的每一个生长的部位。这也证明，这种生长发育并不像人们通常想象的那样，只是通过表面的增长而形成的，恰恰相反，它是通过一种内部的并进入整体的激发而形成的，这是因为在发育的那个部分里，体积和容积在按比例地增长着，而形状却没有发生变化，因此，作用于生长发育的物质就必须通过任何可能的办法进入这个部位的内部，深入它的角角落落。然而，与此同时，同样重要的是这种物质的进入必须是在一定的顺序和一定的尺度中进行，千万不能让内部的某一处进入的物质多于另一处，否则整体的某些部位就会发育得比其他一些部位快，这样一来，形态就会受到损害。那么会有什么东西能够切实地给这个次要物质定出规则来，迫使它同等地、按比例地进入到内部的各个点中去呢？这除了内部的模子外，还会是什么呢？

我们认为肯定无疑的是动物体和植物体是一个内部模子，它具有一个恒定的形式，但是，它的体积和容积是可以按比例增长的，而且，增长或者说动物和植物的生长发育，只有在这个模子在其内部和外部全面增长扩大才能得以实现，而这种增长扩大是通过内填一种附属的、陌生的物质完成的，这种物质可以进入内部，变得与形态相仿，并且同模子的物质一模一样。

但是，动物或植物吸收进自己的物质中去的那种物质是什么性质的呢？会是什么样的活力或力量赋予这种物质进入内部模子的那种必需的活动和运动呢？如果存在着这样的一种强力的话，那内部模子本身会不会也可能是通过一种类似的强力繁殖的呢？

上述三个问题如大家所见，蕴藏着人们就此主题可能要问的所有一切，我觉得这些问题是彼此依存的，因此我深信，如果我们对营养活动的方法没有一个明晰的了解的话，我们就无法令人满意地解释动物和植物的繁殖。所以必须分别地研究上述的三个问题，以便对研究结果加以比较。

对植物吸收的是什么性质的物质这一问题，我觉得通过我们所作的推论已经部分地得到解决了，而我们在下面的那些章节中所叙述的观察结果将能完全解释清楚：我们将让大家看到在大自然中存在着无穷无尽的、活跃的有机部分，而有机物就是由这些有机部分组成的，而且它们的产生并不会让大自然付出什么代价，因为它们的存在是经常的、不变的，毁灭的原因也只是将它们分开而不是毁灭，因此，动物或植物吸收进其物质中的那种物质是一种有机物质，它与动物或植物的有机物质的性质是相同的，所以它可以增加模子的物质的体积和容积，而又不改变它的形状，也不损坏其品质，因为它确实是与它所组成的模子的形态和品质是相同的。因此，在动物为了维系生命，促进器官发育生长而吃的食物中，和在植物从其根部和叶子中汲取的汁液中，有一大部分通过出汗、分泌和其他排泄途径排出了体外，只有一小部分营养着体内的各个部位，促进它们的发育增长。很可能在动物或植物体内，食物的物质中的粗糙部分与有机部分在进行分离，粗糙部分通过我们刚才所说的途径被排除出去了，只有有机部分在动物或植物的体内留存了下来，而营养的分配是借助于某种活跃的强力进行的，而这种强力按照精确的比例把营养成分带到各个部位去，而且是按照营养、增长或发育之所需，不多不少地、几乎均等地输送的。

概述

所有的动物都是以吃植物或其他也以植物为食的动物生存下去的。因此，在大自然中有着一种旨在维系各种动物或植物的营养和发育生长的共同的物质存在着。这种物质只能在被动物或植物的身体的每个部分吸收之后，并且密切地进入到我称之为"内部模子"的那些部分的形态之中，才能供给营养，促进动物和植物的生长。当这种营养物质超出动物和植物生长发育所需的时候，它就会变成液体状态从动植物体内的各个部分排出，流进一个或好几个"储蓄库"中。这种液体含有着与动物体相似的各种分子，因此也就含有着繁殖一个与母体完全一样的小生命所必需的所有一切。通常，这种营养物质对于绝大多数的动物而言，只在动物在发育生长最旺盛的时候才会极其地丰富，正因为如此动物只在这一时期才会繁殖。

当这种普遍存在的营养性和增产性物质流经动物或植物的内部模子时，当它找到一种合适的"子宫"时，它就会生出一个同一种属的动物或植物来。但是，当它并未存在于一个合适的"子宫"里时，它就会生出一些与动物和植物有所不同的有机体来，如同我们在动物的精液中或植物种子的浸剂中所见到的那样。

这种生产物质是由始终活跃着的一些有机颗粒组成的，这些有机颗粒一般来说是由物质的天然部分所固定住的，特殊的一些是由油性的和含盐的颗粒固定住的。但是，一旦人们将它们从这种陌生的物质中释放出来，它们便重新活动起来，产生出各种种属的，逐渐活动的植物和其他活动的生物来。

我们可以透过显微镜看到这种生产物质在雌雄两性动物精液中的活

动：雌性胎生动物的精子是通过生长在睾丸上的腺体进行过滤的，而这些腺体在它们的内腔里贮存着大量的精子。雌性卵生动物与雌性胎生动物一样，也有一种精液，而雌性卵生动物的这种精液，正如我在介绍鸟类史时所说的那样，要比雌性胎生动物的精液更加活跃。雌性的精子与雄性的精子，二者在自然状态之下，一般来说都是相似的。雌性的精子以同样的方式分解，它们也含有着类似的有机体，它们同样会生出一些畸形来。

所有的动物和植物的精华中都含有大量的这种有机的、多产的物质。为了了解它，只需将这种物质的活跃颗粒介入其中的那些天然部分分离开来。分离的方法是将这些动物或植物的精华放到水中，盐分溶解，油质分离，有机部分开始活动而显现出来，分离就完成了。这些精华在精液中大量存在，在其他部分中则要少得多，或者说它们在精液中处于发育的明显状态，而在肉体中却被天然部分介入和克制着，必须通过浸泡才能将它们从中分离出来。在浸泡的最初阶段，当肉质还只是轻微地溶解的时候，我们会看到这种物质处于一种活动体的形态，它们几乎与精液的活动体一般大小。但是，随着不断地解体，这些有机部分的体积会缩小，活动却在增加。但是，当肉质在水中长时间浸泡，完成溶解或腐烂之后，这些同样的有机物质就变得非常微小，而其活动则是异常迅速。在这个时候，这种物质会变成一种毒素，像蝮蛇牙齿的毒素一样，米德先生在其中看到了无数的小而尖的物体，他以为是盐粒，其实它们是在积极活动中的，那些同样的有机物质。从伤口中流出的脓里面满是这种有机物质，我们自然而然地就会联想到脓已经烂到这种程度，就变成了一些极灵敏的毒素，因为每当这种活跃的物质被激活到一定的程度的时候，我们都能从它所含有的这些活动体的活动速度以及其微小程度得知它将变成某种毒素，而植物的毒素大概也是这种情况。我们的食物也是同样的物质，在天然状态下，当它腐烂的时候，对我们也是有害的。我们通过对好的麦子和患有麦角病的麦子的比较，就可以明白这个道理，患有麦角病的麦子，动物或人吃了之后，四肢会患上坏疽病。我们通过对粘在我们牙齿上的根本没有腐烂的食物的这种物质与蝮蛇或疯狗的牙齿上沾有的极其腐烂的这种物质作一比较，也会明白这一点的。

当这种有机的、多产的物质大量地聚集在动物的几个部位，被迫在那儿停留下来的时候，它便会在那儿形成一些活体，我们总是以为它们像活物一样，比如绦虫、蛔虫以及我们在静脉中、在肝脏中所见到的蠕虫，比如我们从伤口中涤除的那些蠕虫，它们大部分都是在腐肉中，在脓血中形成的，在别处是绝不会有的。

在所有通过浸泡而变质的那些动物或植物的精华中，这种生育的物质首先是以一种生长状态表现出来的？我们看到它像一个生长着的植物一样形成丝状体，不断地生长，不断地伸长。然后，这些"植物"的末梢和结节会膨胀、肿大，但很快便会瘪下去，以便让无数的好像小动物似的活动体通过，以致似乎大自然整体就像是以一种植物的运动开始的。我们从通过显微镜才能看到的这些生长活动中可以看到这种状况，我们通过动物的生长发育也可以看到这种状况，因为胚胎在最初阶段也是一直在生长发育的。

有益的适合我们食用的那些物质只是在一段较长的时间之后才向我们提供活动着的分子，必须在水中浸泡几天，鲜肉、谷粒、果仁等才会让我们看到一些活动体，但是，物质越是腐烂、变质或增强活力，如脓血、患麦角病的麦子、蜂蜜、精液等，那些活动体就越是急速地显现出来。它们都是在精液中生长发育的，只需浸泡几个小时，就可以在脓血中，在患麦角病的麦子中，在蜂蜜中等，看到它们。医用麻醉药也是如此，我们将它们放进水里浸泡，很短的时间之后就可以看见它们不计其数地在攒动着。

因此，存在着一种有机物质，它广泛地散布在动物或植物的所有精华之中，它也在向精华提供养分，促进它们的生长以及繁殖。营养是通过这种物质深入到动物或植物体内的各个部位的方式提供的；生长只是一种更加广泛的营养,只要各个部位有足够的延展性以便膨胀和扩展就可以达成;而繁殖只是通过同样的物质在动物或植物体内变得充盈而完成的。动物或植物体内的每一个部分把它不再能接受的有机分子排斥出去:这些分子绝对是与把它们排斥出去的每一个部分相类似的,因为它们生来就是在营养这一部分。自这时起,当那个部分的被排斥的所有分子最终聚集在一起的时候,它们就会形成一个类似于前一个部分的小部分,因为每一个分子都与它被排斥的那个部分相类似。这样一来,繁殖在所有的种属中都能进行,比如树木、植物、珊瑚虫、蚜虫等(个体自己就能繁殖其同类)中,而且这也是大自然为了让需要与另一个动物相互沟通实现繁殖的动物的首要办法,因为雌雄两性的精液含有繁殖所需要的所有的分子。但是,还必须有一些东西才能让繁殖得以确实地进行,那就是要让这两种精液在一个适合于后代生长发育的地方混合在一起,而这个地方就是雌性的子宫。

因此,根本没有先存的胚原基,根本没有无数蕴藏于一个和另一个中的胚原基,但是却有一个总是很活跃的,总在准备着被模塑的。准备被同化并准备生育出与那些接受它的相似生物的有机物质存在着。因此,动物或植物的种属是永远不会自行灭绝的,只要存在着一些个体,这个种属将永远是全新的,它今天与三千年前一样都是全新的,只要它们不被上帝的意志所毁灭,它们全都将自行存在着。

1748 年 5 月 27 日写于皇家花园

From one species to another species

[cong yī ge zhong shu dao ling yī ge zhong shu]

从一个种属到另一个种属

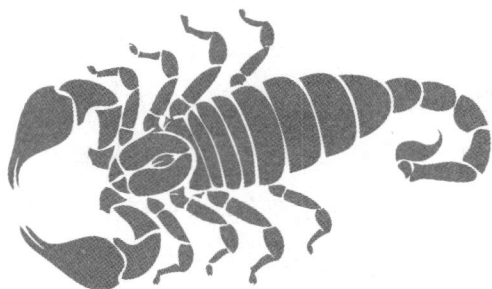

从原型到变种

马（1753年）

在自然界中，每一个种属都有一个普遍的原型，而每一个个体就是根据这个原型制作成形的，但是它似乎在成形的过程中因环境的变化或变质或完美，所以某些品质，在个体的延续过程中有着一种明显的奇异的变化，与此同时，也有着一种恒定性，而这种恒定性在整个种属之中似乎非常令人赞叹：第一个动物，比如说第一匹马，就是所有根据它而诞生的马的外模和内模，就是所有那些现存的和将要诞生的马所依据的形态。但是，这个"样板马"我们只了解它的复制品，而它有可能在发育的过程中，在形态和体积上或退化或完善。在每一个个体中，原型马的印记整体上是保留着的，但是尽管有数百万个个体存在着，而每一个个体却与另一个个体总体而言并不尽相同，因此也与每个留有原型马的印记的个体有所不同。这种不同证明了大自然并非什么事都做得绝对，证明了大自然知道如何将自己的作品制作得千差万别，而这种不同也存在于人类之中，存在于各种动物、各种植物之中，总而言之，存在于所有能够繁殖的生物之中。但奇怪的是，似乎美与丑的"样板"遍布全球，而在每一个气候带中，只有一部分始终处于退化之中，除非我们将它们与它们的远亲进行交配。因此，为了获得优良的谷物、美丽的花朵等，就必须将谷种进行交换，绝对不可将它们种在它们生长的同一块土地上。同样，为了获得骏马、良犬等，也必须让它们进行远亲交配，将一地的公马或母马与另一地的母马或公马交配。不如此，谷物、鲜花、动物等就会退化，或者会带有极其明显的气候印记，以致物质将影响形态，并且似乎会使之退化变种：印记倒是存在着，但是所有并不是它的主要特征的东西就全都变样了。相反，如果让它们进行远亲交配，不断地改良品种，其体形似乎会臻于完善，而大自然似乎会更富有生机，可以创造出所有它所能创造的更美好的东西来。

驴（1753 年）

在观察驴子这种动物的时候，即使仔仔细细、细致入微地观察它，它似乎也只是一匹退化了的马。它的脑子、肺、胃、心、肠道、肝脏以及其他的脏器的构造都与马完全相似，而且它们的体形、腿、脚和全部骨骼也都极其相像，因此人们才有了它像退化了的马的说法。驴与马之间的那些细微的差异，我们可以归之于气候、食物的古老影响，归之于半退化了的野生小马的数代偶然的延续，而这些野生小马本会逐渐地更加退化，并可能会尽可能地变质，最后，在我们面前出现的是一种新的、恒定的品种，或者说是一种相似的个体的延续，而这些个体全都以同样的方式退化变质了，与马有了较大的差异。以致被视为变成了另一个种属了。有利于这一看法的是，马在肤色和毛发方面比驴的皮色和毛发的变化大得多，因此马要比驴更早地成为家畜，因为所有的家畜的皮色都要比同种属的野生动物变化要大。另外，旅行者们谈及的大部分野马都是体型较小的，它们同驴一样，毛是灰色的，尾巴光秃，尾梢翘起；还有一些野马，甚至是家养马，背部有黑色条纹，并且还有着其他一些使之更接近野驴或家驴的特点。另一方面，如果我们从马和驴这两种动物的性情、本性、习惯、结果，总之，从它们的组织结构来看的话，尤其是从我们不可能让这两种动物交配生出一种共同的品种或者是生出一种能够繁殖的中间品种来看的话，我们似乎更有理由相信这两种动物各自都是一种很古老的种属，而且从原始状态起，就已经像今天一样具有很大的差异，因为驴子从体形来看，比马要小，但脑袋却很大，耳朵又很长，皮很硬，尾巴光秃，臀部形状不一样，并且相邻部位也与马不同，再者，叫声、食性、饮水方法等也与马大相径庭。那么，马与驴最初是否源自同一个根呢？它们是否如专业分类学家们所说的那样，属于同一个"族系"呢？或者说，它们根本就不是，并且从来就不是不同的动物呢？

对这个问题物理学家们将感到其普遍性、艰巨性，但我们觉得应该在本文中加以阐释，因为它是第一次提出来的。这个问题关系到生物的繁殖，它比任何其他问题都更加重要。为了弄清这一问题，我们需要从一个新的视角来看待大自然。如果我们从遍布于世界上的所有生物所呈现给我们的巨大的多样性中选择一种动物，或者甚至选择一个人来作为我们了解的基础，并将它与其他的有机生物作一比较的话，我们将会发现，尽管所有的生物都单独地存在着，尽管它们全都有许许多多的不同程度的不同，但是，与此同时，却也存在着一个原始的和普通的形状，我们今天仍可以寻觅到它，而它的变化是极其缓慢的，比形状的变化以及其他表面的情况的变化要慢得多，因为且莫说消化器官、循环器官和生殖器官等所有动物都具有的器官，且莫说没有了这些器官，动物就不成其为动物，就无法生存，无法繁殖，单说在最能造成外形的变化的各个部位吧，在这些部位中，有着一种神奇的相似，它必然使我们联想到对一个最初的构思的想法，根据这最初的构思，一切似乎都已经设计好了似的：比如马的身体乍看上去，它与人体有着巨大的不同，但是，如果我们得以仔细地，一个部位一个部位地将二者加以比较，而不是被初看上去的差异所怔住的话，那我们就会发现马的身体与人体极其相似，甚至几乎是完全相似的。确实，如果我们拿出一具人的骨骼，将其骨盆的骨骼弯曲，把其大腿、小腿和胳膊弄短，把其腿骨和手骨弄长，把指（趾）骨粘住，把颌骨加长，而将额骨弄短，最后，将脊柱也加长，那么，这具骨骼就不再像人的骨骼，而像马的骨骼了，因为我们可以很容易地认为在加长脊柱和颌骨的时候，我们也同时增加了脊椎骨、肋骨和牙齿的数量，而且确实只是通过这些骨头的数量，我们把它们看作附带的骨头，而且通过加长、缩短或连接其他的骨头，这具动物的骨架才不同于人体的骨架的。我们刚刚在对马的描述中看到的这些事实有根有据，不容我们产生怀疑。但是，为了比我们分别观察，例如形态、肋骨等主要部分，更加深远地观察这些关系，我们将在人、所有的四足动物、鸟类、鱼类，直至背壳纹路更清晰的龟类中发现它们的关系。让我们像多邦东先生所指出的那样，清楚地看到表面上与人的手极不相同的一匹马的脚，却是由同样的骨头构成的，而且我们在我们的每根手指头的尖端都可以看到马蹄铁状的、同样的小骨，亦即马的腕骨骨瘤。因此，我们会觉得，这种隐匿的相像要比表面上的差异更加令人赞叹。人与四足动物、四足动物与鲸类、鲸类与鸟类、鸟类与爬行动物、爬行动物与鱼类等，其主要部分如心脏、肠子、脊柱、感官等都存在的动物，它们的这种恒定的相似与构造的相似，似乎并不表明上帝在创造动物的时候，只是一种思路去创造的，而是同时地运用所有的可能的办法去创造的，以便让人类既能赞赏上帝的伟大杰作，又能赞赏上帝构思之朴实。

从这个规点来看，不仅驴与马，甚至人、猴、四足动物以及所有的动物都可以被视为同一个"家族"的。但是，我们应不应该就此而得出结论，认为这个巨大的"大家族"，是由其他的一些被大自然设计出而又被时间生产出的小"家族"（其中有的只是由两种个体组成，如马和驴，另外一些则由好几种个体组成，如鼬、貂、白鼬、榉貂等个体）组成，同样在植物中，也有一些十种、二十种、三十种等植物组成的小"家族"。如果这些"家族"确实存在的话，它们只能是通过杂交，不断地变化和原始种属的退化组成的。如果我们承认植物和动物中有"家族"存在的话，认为驴之所以属于马的"家族"，只是因为驴退化了，才不像马的话，我们同样也可以说猴子是与人同一"家族"的，说猴子是退化了的人，人与猴像马与驴一样有着同一个根，说无论在动物中还是在植物中，"家族"只有一个根，甚至还可以说所有的动物都源自一个唯一的动物，这个唯一的动物随着时间的推移，在进化和退化中诞生出其他各种动物的所有种属。在动物和植物中极其轻率地确定一些科的博物学家们似乎没有足够地感觉到其后果的严重性，它们把创造的直接结果缩小到一些人们主观想象的，极小的个体上。因为如果一旦确定人们可以理性地创建这些"家族"的话，如果大家一致认为在动物中，甚至在植物中，有着唯一的一种（我不想说好多种）可以由另一个种属退化而来的种属的话，如果驴子确确实实只是一匹退化了的马的话，那么大自然的力量就不会再有界限了，那么我们也就颇有理由假设，大自然可以随着时间的推移从唯一的一个生物创造出其他所有的有机生物来了。

但是，绝非如此，通过启示，可以确信所有的动物都沐浴了造物主的恩泽，而每一个种属和所有的种属的头两个都出自造物主之手，而且我们应该相信，它们当年几乎与它们今日通过其后代呈现在我们面前的是一个样子。另外，从我们开始观察大自然时起，从亚里士多德时代直到我们今天，尽管导致、聚集或分散物质的那些部分的运动非常迅速，尽管两千年来进行了无数的组合，尽管动物进行了近亲交配或远亲交配（这些交配只是诞生了一些退化、变质了的不育的个体，它们无法生出新的一代），我们并没有看到有新的种属出现。无论是外形的或内里的相像，即使是在比马和驴更大型的某些动物中，都不应该导致我们将这些动物混淆在同一个"家族"之中，更不应该说它们具有一个共同的根，因为如果它们源自同一个根的话，如果它们确确实实属于同一个"家族"的话，我们就可以对它们进行比较，把它们重新结合在一起，并且像时间本会做的那样，随着时间的推移，让它们退化变质。

此外，必须看到，尽管大自然的进程是逐渐的，一步一步的，往往是不可觉察的，但是这些变化中的差异和程度的渐进，并不是很一样。同时也必须看到，物种越高级，它们的数量就越少，而且区别它们的差异的间隔度也就越大，而低级的物种则完全相反，它们数量众多，同时，彼此之间又更加相近，因此我们就更想把它们混淆在同一个"家族"之中，免得我们被它们的数量之大、差别之小而困扰，弄得我们记都记不清楚。但是，可别忘了，这些"家族"是我们创造的，我们之所以这么做，是想减轻我们的思想压力，如果我们无法弄明白所有的生物的真正系列的话，那是我们自己的错，而不是大自然的错，因为大自然并不了解这些"家族"，它只包含着一些个体。

一个个体是一个独特的、孤立的、分散的生物，它除了与其他的生物相像或完全不同之外，并无任何的共同之处。所有的生活在地球表面的相似的生物都被视为在组成这些个体的种属。然而，并不是数量电不是相似的个体的聚集在组成物种，而是这些个体的恒定的连续和不间断的更新在构成物种，因为一个可能始终存在的个体不会是一个物种；同样一百万个相似的生物始终存在着，但也构成不了一个物种。因此，物种只是一个抽象的普通名词，它的存在得看大自然在时间的连续中的情况，得看生物在不断的灭亡和再生中的情况而定。只是在比较今天的大自然和其他时期的大自然，并且比较现在的个体和过去的个体中，我们才对人们称之为物种的东西有一个清晰的认识，而个体的数量或相似性的比较只是一种附属的认识，往往是独立于前一个认识的，因为驴子像马胜过长卷毛猎犬像猎兔犬，长卷毛猎犬与猎兔犬只是同一个种类，因为它们在一起可以生出一些能够自己生育另一些个体的个体，而马和驴肯定是不同种类，因为它们交配的话，生下来的只是一些退化变质而又不能再生育的个体。

因此，只有在种属的独具特色的多样性中，大自然的差别的间隔才是最显而易见的，我们甚至可以说种属之间的这些间隔是所有东西中最相等的和变化最小的，因为我们总是能够在两个种属之间划出一条分隔线来，也就是说，在两种可以繁殖而又不可能彼此混杂的个体的接续中划出一条分隔线来一样，就像我们也可以将两个杂交而繁殖的聚合为一个唯一的种属一样。这一点是我们在自然史中具有的最固定的观点，我们可能在生物的比较中弄清楚的，其他所有的相似和所有的不同都可能是极不固定、极不真实、极不确定的。这些间隔也是大家将在我的这部著作中找到的那些唯一的分隔线，我不会把本该聚合的生物分隔开来，每一个物种，每一个可以繁殖而又不可以混杂的个体的接续将会被特别地观察和区别地对待，我将不使用科、属、目和纲，同样，大自然也不使用这些专业术语。

既然种属只是相似的并且可以繁殖的个体的一种经常的接续而非其他，那么很显然，这种名称只应该涉及动物和植物，可是，分类术语专家们却是在滥用术语和概念，把这一名称扩大到来命名所有不同的矿物，可我们并不应该把铁看作一种种属，把铅看作另一种种属，而只能将它们看作两种不同的金属。大家将在我关于矿物的论述中看到我在区分矿物时所使用的分类法完全不同于我用在动物和植物上的分类法。

但是为了回到生物的退化，特别是动物的退化上来，我们应该更仔细地观察和研究大自然在提供给我们的生物品种中的活动，看清这些变化活动都扩展到了什么地方。人类有肤色上从白到黑的不同，有身材上的高矮、胖瘦、轻重、壮健孱弱等的不同，以及智力方面的聪明与愚笨的不同。但是最后的这一特点根本就不属于物质性的，所以不应该放在这里，而上述其他的那些特点却是大自然的普通的变化，源自气候和食物的影响。但是，肤色和身材的不同并不妨碍黑人和白人、拉普兰人和巴塔哥尼亚人、巨人和侏儒一起生出一些本身也可以生殖的个体来，因此，这些人尽管表面上大相径庭，但都是一个唯一的和相同的物种，因为这种绵延不断的繁殖是维持种属之必需。

尽管我们无法证明一种种属通过退化而诞生对大自然来说是无法办到的事情，但是相反的可能性如此之大，使我们甚至在哲学上都不怎么可能去怀疑它。因为如果某个种属是通过另一个种属的退化而诞生的，如果驴子这一种属是源自马这种种属的，那么，这只能连续不断地和潜移默化地产生，那么在马和驴之间就可能有大量的中间性动物，其最初的品种应是逐渐地远离马的属性，而其最后的品种则应逐渐地接近驴的属性，可是我们为什么到今天也看不到它们的中间性品种，看不到这些中间性品种的后代呢？为什么今天剩下的仍旧只是那两个极端的品种呢？

因此，驴就是驴，绝不是一匹退化了的马，一匹尾巴光秃的马。它既不是外来的，也不是闯入的，更不是杂交而生的。它像所有其他的动物一样，有它的"家族"，有它的种属，有它的血统。

山羊（1755 年）

尽管动物的种属全都被大自然所无法逾越的一个间隔分隔开来，但是其中却有几个种属似乎因大量的相同而彼此相接近，以致可以说在它们之间只存在着为了划出分界线所必需的空间。当我们在比较这些相邻近的种属的时候，当我们从它们与我们的关系的角度去看待它们的时候，有一些就显得是非常有用的动物，而另外的一些似乎就只是辅助的种属，但它们在许多方面能够替代前面的那些有用的动物，对人有着同样的用途。驴子几乎可以替代马，同样，如果母绵羊突然缺少，那么母山羊就可以替代之。母山羊像母绵羊一样提供羊奶，甚至提供的羊奶量非常大。它还能提供大量的羊脂；它的毛尽管比绵羊毛粗糙，但仍然可以纺出上等的毛织物来；它的皮比绵羊皮质量好；山羊羔的肉质与绵羊羔的肉质同样地鲜美。这些辅助的种属比主要的种属更加粗犷、更加强壮。驴和山羊不像马和绵羊那么要求细心照料，它们到处都可以生存，吃什么样的植物都行，粗糙的草、带刺的小灌木都可成为它们的食粮。它们不太受恶劣气候的影响，它们的自救能力很强，不太需要人的救助。它们不太属于我们，似乎更属于大自然。我们不应该把这些辅助种属只看作主要种属的退化后的产物，不应该把驴子看作一匹退化了的马，我们有更多的理由可以说，马是一头完美的驴子，而绵羊只不过是我们照料的，完善的，为我们所用而大量繁殖的一种山羊，而且我们也有理由相信，总体而言，最完美的种属，尤其是在家畜中，是从其最接近的野生动物中的不那么完美的种属来的，因为大自然所能做到的没有大自然与人加在一起所做到的那么大。

不管怎么说，山羊是一种不同的品种，它与绵羊的种属的差别也许比驴与马的种属的差异更大。公山羊很乐意与母绵羊交配，正如公驴与母马相得甚欢一样，而公绵羊与母山羊的结合如同公马与母驴的交媾一样。但是，不管这些交配如何频繁，而且有时甚至过度，它们都没有诞生出绵羊与山羊的中间品种来，这两个种属是有区别的，始终是分开的，而且彼此间总是有着同样的距离。因此它们并未因这类交配而产生任何退化，它们根本没有产生出新的根，没有产生任何中间动物的新血统，它们只是生下一些不同的个体，这些个体并没有对它们各自的原始种属的一致性产生什么影响，恰恰相反，它们证明了它们所特有的差异的真实性。

但是，在许多的情况下，我们却既无法区别这些特点又无法很有把握地说出它们的不同来。另外，在其他许多的情况下，我们不得不中止我们的判断，而且还有无穷无尽的其他东西，我们简直是两眼一抹黑。因为除了我们对所获得的情况的说法相互矛盾，令我们举棋不定、无所适从以外，除了观察大自然的那些人的说法不确切，致使我们疑虑重重以外，让我们获得更进一步的了解的最大障碍就是我们对很多事情几乎是无可奈何地全然不知，而时间并无法帮助我们去弄清，而且即使是我们的子孙后代也只能是通过经验和观察才能弄清楚。而在这期间，我们是在黑暗之中摸索着，或者说我们是在偏见和可能性之间茫然地走着，甚至连事情的可能性都一无所知，而且还随时地将许多人的观点与大自然的行动混淆在了一起。

鼠（1758 年）

我们从大的到小的，从强的到弱的进行观察，逐渐地，就将发现大自然是会补偿一切的：大自然在专心致志地注意保存着每一个种属的时候，创造了大量的个体，并且在它将之缩小到弱小时或任随其无抵抗能力、无武器和无勇气时，支持其通过数量而存活下去。它不仅想要让这些低等种属能够通过其数量众多来抗衡和延续，而且它似乎同时还给每一个种属以补充，扩大其相邻的种属。野鼠、家鼠、田鼠、水鼠平、水耗子、脂山鼠、欧洲山鼠、睡鼠、鼩鼱以及其他许许多多不是在我们的气候条件下生活的鼠类，我就不再一一例数了，它们构成了许多明显的、有所区别的品种，但它们又并不是千差万别的，是可以互为补充的，以致若其中的一个品种突然缺少了，这一属的鼠也不见得让人感到它的消失。正是这种为数众多的相邻种属给了博物学家们"属"的想法。这种想法在我们只是笼统地看到这一属的动物时，我们才可以动用，但是，一旦我们将这一想法付诸实践，并且仔细地观察研究大自然的时候，它也就烟消云散了。

人类一开始的时候将他们觉得明显有所不同的东西取了不同的名字，而且，与此同时，他们又对他们觉得差不多相似的东西作了一些总的命名。在粗野的民族和刚诞生的语言文字中，几乎只有一些总的名称，也就是说一些同目的生物的模糊的和无定形的习语，但这些习语彼此之间是极不相同的。一棵橡树、一棵山毛榉、一棵椴树、一棵冷杉、一棵紫杉、一棵松树，一开始都名为"树"，随后，橡树、山毛榉、椴树这三种树就全被冠名为"橡树"，以区别冷杉、紫杉、松树这三种统称为"冷杉"的树。只是到了人们对每一种物种进行了比较和细致的研究之后，它们才分别有了自己的名字。随着人们更加深入地研究和更清楚地认识了大自然之后，生物的名称就大量地增加了。人们越深入细致地研究大自然，就越是对它进行比较，专有名词和特殊名称就越来越多。当人们今天用总的名称，也就是用一些"属"来向我们作介绍的时候，那是在让我们同到各种知识的入门阶段去，那是在唤起人们童年的黑暗懵懂时光。无知造出了"属"，科学造出了而且将还要造出那些专有名词，而我们每当想要命名一些不同的种属的时候，并不惧怕增加特殊名称的数量。

狮子（1761 年）

气候的多样性对人类的影响比较小，因为人类是单一的，与其他所有的动物有着明显的不同。欧洲的白人、非洲的黑人、亚洲的黄种人、美洲的红棕色肤色的人，都是同样的人类，只是肤色有差异而已。由于人类生来就是大地的主宰，整个地球都是人类的领地，所以人类的本性似乎能够适应各式各样的环境。南方的酷热，北方的严寒都阻止不了人类的生存繁衍。自古至今，人类的足迹遍布各地，似乎并没有对哪一种特别的气候情有独钟。可是，动物则不然，气候对它们的影响特别大，不同气候条件下的动物的特征明显不同，因为动物种类各不相同，其本性远不如人类的完善和宽广。不仅动物的每个种属中的种类要比人类多，差异也比人类的要大，而且各种动物的这些差异似乎又取决于不同的气候特征。有一些动物只能在炎热的地方生存，另一些动物则只能生活在寒冷地区。狮子从来没有在北方地区出没，驯鹿从来不在南方出现，也许没有任何一种动物像人类这样遍布全球的。每一种动物都有自己的栖息地区，自己的天然王国，它们出于生理需要而被留在了那里，每一种动物都是它们所居住的地方的孩子。从这一点上来看，我们应该说这种动物或那种动物是这样或那样的气候的产物。

除了所有这些个体的高贵品质以外，狮子还享有种属的高贵。我所说的自然界中的高贵的种属，是指那些始终如一、绝无变异的动物，是我们相信它们不会退化的动物。这类种属的动物通常是唯一的、单一的，它们性格鲜明，我们一看便知，不可能与其他种属的任何动物混为一谈。比如人类，他是上帝的创造物中最高贵的动物，其种属是唯一的，因为各种种族的人、各种气候条件下的人、各种肤色的人都可以混杂在一起，繁衍后代，而且我们也不能说哪一种动物与人有着天然的远亲或近亲关系。再说马，其种属就没有个体那么高贵，因为其种属有驴作为其相近种属，驴似乎与马很相近。这两种动物可相互交配生子，实际上，大自然却将它们的孩子处理为无法繁衍的杂交动物或无法为马和驴这两个种属所源自的那个种属传宗接代的动物，但是由于它们源自这两种动物的交配，所以这足以证明它们之间存在着很大的亲缘关系。再说狗吧，犬类也许更加不能说是高贵的种属，因为它似乎非常像狼、狐和豺，我们可以把后者看作同一"家族"中的一些退化了的分支。我们再逐渐地往下，朝着低等种属，例如兔、鼬、鼠等观察下去，就会发现它们中的每一种都有着许多的旁系，我们也就无法辨认出它们的共同的根，也认不出这些变得过于众多的"家族"中的每一种的直系是什么。最后，还有昆虫，我们应该将它们视为自然界中最低等的种属了，它们中的每一种都有许多相近的种属，竟至不可能一种一种地分别去观察研究它们，只能是总括地进行研究，也就是说，如果要给予它们以名称的话，就只能把它们归于"属"。这就是方法的真正的来源，我们确实应该运用它来确定很难确定的大自然中的那些最微小的物种，而涉及最上等的生物的时候，这种确定方法就完全没有用处，甚至是荒唐可笑的了：把人与猴归于一类，把狮子与猫列在一起，说狮子是"一只有鬃毛、长尾巴的猫"，那就不是在描述大自然或为大自然命名，而是在诋毁、歪曲大自然了。

当欧洲人发现了新大陆的时候，他们确实感到那儿的一切都是新颖的，四足兽、鸟、鱼、昆虫、植物等全都是不认识的，全都与人们在那之前所见到的不一样。可是，又必须给这个新大陆的主要动植物命名，因为当地人对它们的命名大部分都很粗俗，发音都很困难，更不用说记住它们了。于是，人们便借用了我们欧洲的那些语言来命名，特别是用西班牙文和葡萄牙文加以命名。由于名称的缺乏，人们便根据外形的一小点关系，体形和面貌的一点点相像用已经知道的生物名称命名这些陌生的生物。这么一来，难免出现不确切、模棱两可，混乱的情况也就增加了，因为当人们在用旧大陆的生物名称命名新大陆的生物的同时，人们在不断地把在那儿并未发现的动物和植物的种属带到了新大陆去。

虎（1761 年）

自然史中出现的为数众多的模棱两可和不确切，如我在前文中所指出的那样，是人们必须给新大陆的那些陌生的生物命名造成的。尽管那些新的动物大部分在种属和本性上与旧大陆的大不相同，但一旦人们觉得它们与旧大陆的动物有那么点关系或相像，便给它们冠之以旧大陆的动物的名称了。在欧洲，一开始人们就弄错了，把所有具有亚洲虎和非洲虎的斑点的动物全都称作"虎"。在美洲出现的这一错误非常严重，因为在这片新的土地上发现了一些动物，其皮上有圆形的分离着的斑点，人们便称其为"虎"，尽管它们并不属于虎这一属，甚至也不属于亚洲或非洲的那些人们本已很不恰当地赋予这一名称的带斑点的动物的那一属。由于在美洲生存的这些带斑点的动物数量比较多，人们便不问青红皂白地把它们都冠之为"虎"，尽管它们与虎迥然不同，而且它们本身之间也各不相同。这就造成了这么一种情况：本应只有一种种属应该拥有"虎"这一名称的，但却有八九十来种都被称为"虎"了，因此，这些动物的历史就很尴尬了，很难写，因为名称搞乱了事物，而人们在提到这些动物时，往往张冠李戴、混淆不清。

为了防止源自不恰当地对大部分新大陆的动物的命名，特别是对那些人们错误地称之为"虎"的动物的命名上的混乱，我曾想过，最可靠的办法就是对四足动物作一比较性的列举，我在此分别列出三点来：一、那些旧大陆本身就存在的动物，也就是欧洲、非洲和亚洲原有的动物，人们在发现它们时，它们在美洲还没有。二、新大陆本身所有的，而在旧大陆却未曾见过的那些动物。三、那些新旧两个大陆都有的，而且不是被人运去的动物，应被视为新旧大陆所共同拥有的动物……

结论（1761 年）

一个专业术语专家的真正工作根本就不在于研究如何将名称的清单拉长，而应该是作一些理性的比较以缩短这份清单。从所有描述动物的作者那儿把动物名称及介绍聚拢起来搞一个目录那是最简单不过的事了，然而这种冗长的目录越拉越长，而研究它的人却越来越少。而若将动物清晰明了地加以比较，以将这个目录缩小到它应有的范围，那才是最难的。我再重复一遍，在全球可居住的并且已知的全部土地上，四足动物到不了二百种，这其中还将猴子也算在内了。因此，只需要将这些四足动物的名称分别确定好，这样既简单又行之有效，凭着记忆就可以把它们列清楚了，因为只牵涉到二百个名称，很好记。所以有什么必要去将那些四足动物分成纲、属什么的呢？那是人们想出来的一些方法，以便帮助人们记忆植物，因为植物确实品种繁多，差异又很小，种属几乎没有恒定不变的，细节之处于微小又过于难以了解，所以只好将它们分门别类地加以区分，将它们分成属或总属，把那些看上去最相像的植物放在一个门类之中。因为就像在所有的精神创造物中一样，绝对无用的东西总是最难想象的，而且往往是有害的。可是，人们往往舍近求远，不去列清楚一份二百个名称的目录，把四足动物悉数包括进去，反而去编纂一部名称繁多、解释冗长的词典，让人查阅起来比编纂时更加劳神费力。当人们可以用一个简单名词解说清楚的时候，为什么偏偏要用行话和冗长的词语呢？为什么借口分纲分属而改变所有的术语的称谓呢？当我们把十多种动物归于同一个属的时候，比如归于兔属的名下，为什么在兔属中却找不到“兔”的解说，却必须到“野兔属”去找寻呢？把那些相去甚远的属聚拢在一些纲中，比如将人与蝙蝠一起放在第一纲，将大象与带鳞片的蜥蜴一起放在第二纲，将狮子与白鼬一起放在第三纲，将猪与鼹鼠一起放在第四纲，将犀牛与老鼠一起放在第五纲，等等，说得好听些，这叫滑稽可笑，说得不好听，那简直是愚蠢透顶、荒唐至极！这些欠考虑的想法是站不住脚的，因此包含这些想法的那些著作被其作者相继亲手毁掉了。这些著作彼此意见相悖，而它们又全都是只能去骗骗总爱上神秘的当的小学生或孩子们。在小学生或孩子们看来，这些俨然有条有理的著作就是科学，以致对教授他们的老师们崇拜有加，可是他们的老师也是满脑子稀里糊涂，无法向自己的学生们介绍最明晰、最容易的事物了。

人们从我们所说的这一切中得出一些普遍的结论的同时，将会发现人是唯一的有血有肉的活物，其本性比较坚强、比较广泛、比较柔韧，所以能够在各处生存、繁衍，能够适应地球上的各种各样的气候；我们将明显地看到任何一种动物都不具备这种得天独厚的长处，它们中的大部分根本不能在各个地方生存，只能局限于某些气候条件适宜于它们的地方，甚至是一些特殊的地方。人整体而言是天之骄子；动物在许多方面只是大地的产物。这个大陆的动物无法在另一个大陆生存，若是在另一个大陆生存的话，它们就会退化变质，由大变小，直到变得面目全非。这就充分地证明了，它们的形态印记不是不会退化的；它们的本性远不如人的那么持之以恒，是会变化的，甚至是会随着时间的推移而绝对地发生变化的；根据同样的原因，最不完善的、最脆弱的、最愚笨的、最无活力的、最无抵抗力等的动物已经消失或将要消失；它们的状况、它们的生命、它们的存在取决于人类给予它们或留给它们在地球表面的形态。

巨大的獁犸这种四足兽，我们经常在博物馆看到它们那庞大的骨架，我们认为它们的骨架至少要比最强壮的大象大六倍。可现在獁犸已不复存在，在任何地方也不见其踪影了。我们在好几处地方发现了它们的一些残骸，而发现的地方全都相去甚远，比如在爱尔兰、西伯利亚、路易斯安娜等地。这种动物肯定曾是所有的四足动物中的第一号，是最大、最强的；既然獁犸已不复存在了，那么有多少其他的更小、更弱，而且很不起眼的动物已经死去，但却没有给我们留下有关它们生活轨迹的任何证明和资料？有多少其他的一些种属已经变化了，也就是说因为陆地和河流的变迁，因为大自然的抛弃或培育，因为气候的有利或不利的长期影响或进化或退化了？不过，四足动物毕竟是紧随人类之后的本性最固定、形态最恒定的生物；鸟类和龟类的本性变化更多；昆虫的本性变化更烈，如果我们一直研究到植物的话，我们将会惊奇地发现植物种类的变化之迅猛，它们变化成新的形态之容易令人咋舌。

因此，很有可能即使大自然的变化没有产生影响的话，新大陆的所有动物从其本原上就是与旧大陆的动物是同一个根的，它们有可能在很早之前从后者汲取了根源。可以说它们在后来被茫茫大海或人迹罕至的荒漠所阻隔，随着时间的推移，接受了并承受了一种变得全新的气候的影响及其后果，而这种全新的气候也因为造成阻隔的同样的原因而发生了质的变化。我们还可以说，最后，这些动物随着时间的推移将会由大变小，退化变质等。但是这并不应该妨碍我们今天将它们看作一些不同种的动物：无论这种差异源于何种原因，无论这种差异是因时间、气候或大地的影响而产生的，或者无论这种差异是它们与生俱来的，反正这种差别是确确实实地存在着的。我承认，大自然始终是处于巨变之中，但是人却有能力适时地抓住大自然，并且能够既向后看又向前看，以便尽力地窥见大自然从前可能是什么样的以及以后它会变成什么样。

羱羊、岩羚羊和其他的山羊（1764 年）

我们可以作结论说，羱羊、岩羚羊和家山羊这三种动物确实是唯一的和同一的物种，但是，在这一物种中，雌性属性很稳定而且彼此间也很相像，可该物种中的雄性却发生了一些变化，致使雄性间彼此有所不同。按照这个也许并不像我们所想象的，离大自然的规律甚远的观点，羱羊可能是山羊这一种族中的雄性，而岩羚羊则是雌性。我要说这一观点并非凭空想象，因为我们可以通过实验来证明，在自然界中雌性也可以通过与不同的物种中的雄性交配，生出后代来的。母绵羊与公山羊交配和与公绵羊交配一样可以生下小羊羔，生下其物种中的一些个体来。但是公绵羊则相反，它同母山羊交配却根本生不出后代来。因此，我们可以将母绵羊视作这两种不同的雄性的共同的雌性，它因此而成为独立于雄性的物种。羱羊的情况也是如此，只有母羱羊是其原始物种的代表，因为母羱羊具有一种稳定的属性，而其雄性则相反，发生了变化。很明显，家养母山羊是一种唯一的物种，它与母岩羚羊、母羱羊一样地能同上述三种雄性羊交配生子，而只有这三种雄性羊在它们的物种中发生变化，不过，尽管它们似乎改变了一致性，但却并没有使其后代的身份变质。

这些关系与其他所有可能的关系一样，应该是存在于事物的本性之中的。甚至于好像一般而言是雌性比雄性在对物种的维系中起着更大的作用，因为尽管雌雄两性都在动物的最初形式上做出努力，但后来只有雌性在向其后代的生长发育提供必需的一切，在更多地改变其后代，让自己的后代更多地与其本性同化。这么一来，势必会磨灭大部分的雄性印记。因此，当我们想要正确地判断一个物种的时候，必须研究的应该是其雌性。雄性付出一半的活性物质，雌性同样也付出一半，但雌性还要向其后代提供其身体发育所需要的全部物质：一位漂亮的母亲几乎总是生出一些漂亮的孩子来；一个英俊男子同一个丑女人结合通常只会生出一些更丑的孩子来。

　　因此，在同一个物种中，有时候会出现两个亚种，一雌一雄，它们全都存在着，但其特点却始终不尽相同，似乎是在继续着两个不同的物种，这正是为什么几乎不可能在博物学家们称之为"物种与变种"之间，确定术语的原因。

从变种到"物种的亲缘关系"

猴子的归类（1766 年）

这些一般的术语尽管是那么不完善，可它们根据什么道理显得像是思想的杰作呢？为什么这些似乎只是生物组合的单纯结果的定义在使用过程中容易出错？这是不是人类思维中的必然的错误、惯性的缺陷？或者说是不是人们只是无能、无力去组合，去同时看清大量的事物？让我们比较一下大自然的杰作和人类的作品，让我们研究一下他俩是如何运作的，看看十分活跃、十分广泛的思想是否能够并肩而行，甚至沿着同一条道路前行，而自己又不会在广阔空间、在黑暗的时光或在生物的无穷无尽的组合中迷失方向。但愿我们人能够在任何一个事物中正确地引导自己的思想。如果我们人能够看得清楚真切，沿着笔直的道路前进，经过的空间少，用的时间也尽可能地少，而又能达到自己的目的，那么我们就用不着那么拼命地去琢磨、去组合，免得走到歧路上去，这样就能避开错误的道路，避开死胡同，避免崎岖的道路。这些道路总是第一个出现，而且是大量地涌现，因此，要选择正确的路径就必须事先分辨清楚。这完全是有可能的，也就是说，它并未超出一个有智慧的人的能力。这种有智慧的人是能够在正确的路径上前行而不偏离的。这就是他行进的最安全、最坚定的方法，他可以沿着这条路走到一个点，而如果他想到达另一个点的话，他就必须通过另一条路线抵达那儿。他的思想脉络是一根纤细的线，往长里伸去，而无其他的面，而大自然则恰恰相反，它的每一步都是向四面八方展开的，它在向前进的时候，向旁边伸开，向高处伸去，它踏遍各地并填满三维空间。当我们人只达到一个点的时候，大自然却到达的是立体，它包揽体积，进入容积中的各个部分。当我们的菲迪亚斯们[1] 在给粗糙物质以一种形式的时候，他们究竟在搞些什么？他们借助艺术和时间，终于完成了一种表面，这种表面确切无误地反映了他们所假设的那个事物的外表：他们所创作的这个表面的每一个点让他们花费大量时间搞出成百上千个组合；他们的天才施展在如他们的面孔上的纹迹一般多的线条上；稍微的偏差就会使这个表面走样。这个如此完美以致看上去像是在呼吸的大理石面孔只不过是无数个点的组合，是艺术家殚精竭虑，不停地努力的结果，因为我们人的思想在同一个时间只能抓住一个维，我们的感官只专心于表面，我们无法深入到物质内里去，我们只会触及一点内里而已。大自然则不然，它知道掌控物质，彻底地动摇物质；它通过一些几乎是即兴的行动创造了这些形态；它让这些形态在三维之中同时伸展增大；与此同时，它的活动能够达到表面，它所具有的那种渗透力能够在内部活动；每一个分子都被渗透着；最小的原子在大自然想要利用它的时候不得不服从命令；因此大自然是在全方位地活动着，它在向前、向后、向下、向上、向右、向左，同时向着各个方向活动着，因此它不仅掌控着表面，而且掌控着体积、容量以及整个固体的所有部分，因此，在大自然所创造的有机物与人创作的雕塑之间有着多么大的差异啊！彼此之间是多么无法相比啊！但是，力量上双方的差距是多么大！双方的工具又是多么不成比例！人只能运用他所具有的力量。由于人拥有的只是通过冲量进行交流的那么一点点运动，所以他只能在表面有所行动，因为一般来说，冲力只是通过表面的接触进行转换

---

[1] 雅典雕刻家（约公元前 490—约前 430），希腊古典艺术的最著名的代表。

的。人只能看见，因此也只能触及物体的表面，如果为了更进一步地了解物体，他要把它打开、分裂开、分散开，但是这时候他看到的、接触到的仍然只是表面。为了进入内部，他必须具有作用于整体，造成重力并成为大自然的主要工具的那种力量的一部分。如果人像他拥有冲力那样能够拥有这种穿透力的话，如果他拥有一种与之相关的感官的话，他就能看到物质的内里，他就能处理好小的物质，如同大自然能够处理大的物质一样。正是因为人缺少工具，所以人的手段就与大自然的手段不可同日而语。因此，人弄出来的图像、雕塑、油画、绘画只是一些表面或者是对表面的一些模仿，因为人通过感官接收到的图像全都是表面的，他根本无法赋予它们以全貌。

对于艺术来说是真实的东西，那么对于科学而言也同样是真实的。只不过是科学没有那么受局限，因为思想是科学的唯一的工具，因为在艺术上，思想是隶属于感官的，而在科学上，思想在统率着科学，尤其是涉及认识而非行动，涉及比较而非仿效的问题时。思想尽管被感官所局限，尽管往往会受到错误的关系的误导，但它仍然不失其纯洁也不失其活跃。但凡想要获得知识的人都是从修正感官，弄清其错误开始的。人把感官看作机械器官，看作必须将其付诸实验以修正它们和判断其效果的工具。随后，人便一手拿天平一手拿罗盘往前走，同时测算时间和空间；他了解了自然界的全部外观，但由于他无法通过其感官深入到大自然的内部，他便通过比较对大自然进行了猜测，并通过类推法对大自然进行了判断；他发现了在物质中存在着一种普遍的力量，一种异于冲力的力量，一种我们的感官根本感觉不到的，因此我们也就掌握不了的力量，但是大自然却在利用这种力量充当它的全球代理人。他指出这种力量同样属于任何物质，也就是说，按比例地属于它的量或它真正的质。他还指出这种力量，或者说它的行动延伸到一些遥远的地方，但由于空间的增大，这种力量在逐渐减小。然后，他在把自己的目光转向活的生物时，便发现了：热量是生产所必需的另一种力量；光是一种活跃的物质，它具有一种弹性和一种无限的活力；有机生物的形成与发展是通过所有力量的聚合而促成的；活的生物和植物的生长发育正是引力的规律，而且确实是在三维中同时增加的，同时生长的；一个模子一旦形成便应该通过这些同样的相似规律产生出其他一些完全相似的模子来，而后者又产生出其他的一些模子来，而且与原始的模子别无二致。然后，在把这些共同的特征，这些动物的和植物的大自然的均等的属性组合起来的同时，人便获悉在动物中和在植物中存在着一种永不枯竭、永不转换的，有机的和活跃的物质资源。这种物质像天然物质一样真实与持久；它在动物状态下和在植物状态下都是一种永远存在的物质；这种物质广泛地存在着，它通过营养管道从植物到动物，又通过腐败从动物回到植物，为了促使生物生长而永不停歇地流动着。人看到这些活跃的有机分子在所有的有机体中存在着，它们在有机体内或多或少地与死的物质组合在一起，大量地存在于充满活力的动物体内，而较少地存在于死亡占据主导地位，活物似乎灭绝的植物中。在植物中，有机物因天然物质过量而不再能够健康地活动，没有了知觉，没有了热力，没有了生命，表现出来的只是单纯的生长和繁衍而已。在对动物和植物的活动方式进行思考的同时，人认识到每一个活的生物就是一个模子，生物所汲取的物质与这个模子相同化；生长发育就是靠这种同化的；生物的生长并不是一个简单的体积的增长，而是方方面面的全面发育，是新的物质进入体内的各个部位；而这些部位是按照跟整体的关系成比例地在发育；整体与各个部位的关系是按比例的，形态保持着，而且一直保持着，直到它全部发育成形；最后，生物体全面发育之后，此前一直吸收来为自己生长发育的那种同样的物质自这时起便被作为多余物从与之同化的各个部位排斥出去了；而这时候，它便在一个共同点上聚合起来，形成一个与第一个相似的新的生物，这个新生物只是从小到大有所不同，为了显现这一点，它只需要在生长发育的过程中，通过同样的营养途径，达到同样的全面发育就可以了。

如果我们从生物世界的这个众生相似的图景过渡到每个种属要求有一个单独的位置并且应该拥有自己特殊的形象，如同一个大家庭一样的话，那么我们就将发现，除了一些很大的种属，比如大象、犀牛、河马、老虎、狮子这些应该拥有自己的领地的大型动物之外，所有其他的动物似乎都与其相近的动物聚集在一起，组成一些退化了的、相似的动物群，组成一个专业术语学者们所说的，像网的一样的"属"，其中有通过牙齿的关系，还有一些通过角、毛以及更微小的一些关系组合在一起。甚至那些我们觉得其形态是最完美的动物，也就是说最接近我们的形态的动物——猴子，它们也是成群而居的，如果不加以注意很难将它们区别开来。一个独立的种属关键在于其高大而不在于其形态；人本身尽管属于唯一的种属，与其他所有的动物迥然不同，但是体形也并不高大，所以人并不是一个太独立的种属，他比其他所有的动物有着更多的近邻。我们将会在猩猩的历史中看到，如果我们只注意相貌，我们也会把猩猩看作原始的猴子或初民，因为除了心灵之外，我们人所具有的一切它们全都具有，它们的身体与人的身体差别不大，而它们的身形与人们以"猴子"命名的其他动物相比，没有多大差别。

心灵、思想、语言并不取决于形态或身体结构。没有什么比这能更好地证明这是上天的一种特殊的恩惠，是上天只赋予人的一种恩惠，而既不会说话也没有思想的猩猩倒也有身形、四肢、感官、大脑，它也能模仿人的各种动作，人的各种活动，但却无法模仿人的行为举止，这也许是因为缺少教育，判断能力很差的缘故。你也许会说，我们非常不公平地比较了林中猴子和城市中的人。要公平公正的话，就应该拿野蛮人、没有开化的人来与猩猩作一比较。我们是否对原始状态下的人有一个正确的了解？原始状态下的人应是这副模样：头发硬硬地竖起，或者又短又曲的似卷羊毛一般；满脸长长的胡须覆盖着，而且还编成两条宽大的弯月状发辫顶在头上，使额头变得窄小，显得没有一点英勇之气，另外，眼睛也因此显得眯缝细小，眼凹塌陷，好像动物的眼睛一样；嘴唇又厚又突；鼻子扁平；目光呆滞但凶光毕露；耳朵上、身上、四肢上全长着毛；皮肤硬如黑皮革或鞣皮革；指甲又厚又长还带钩；脚底板结满了厚厚的老茧；女性的乳房下垂、松软，腹部皮肉垂及膝盖；孩子们浑身脏兮兮，在垃圾中爬来爬去；父亲和母亲盘腿坐着，丑陋不堪，身上黏糊糊的。这是根据野人奥坦多[1]绘出的画像，画得绘声绘色、栩栩如生、从原始状态的人到奥坦多比奥坦多到我们现在的人中间相距的时间更长。如果你想比较猴与人，你就要把这幅画像加以充实，把猴子的身体的结构关系、性情性格、公猴对母猴的强烈欲念、公猴与母猴的性器官构造、母猴的月经期、女性黑人与猴子的或强迫或自愿的交配（产下的后代可能是猴也可能是人）等情况加进去，再看一看，如果猴与奥坦多人并非同一种属的话，那他与猴之间的间隔时间该是多么难以说清楚。

我认为，如果我们只从形态来判断的话，那么猴这一种属可能会被视作人这个种属的变种：造物主不想为人体造就一个绝对不同于动物身体的类型来；他在他的总体方案中像了解所有动物的形态一样了解人的形态；但是，在他赋予人这种类似于猴的物质形态的同时，他用他那神的气息深入到这个动物体内；如果他赋予，别说猴，就算是最低劣的物种，就算是我们认为结构最差的动物以同样的恩惠的话，那么这种种属很快就会变成人的对手；由于有了思想，这个对手是会优于其他的种属的；它会思考，会说话，但不管猴与奥坦多人之间是怎么样相似，但它与奥坦多人之间的差距仍是巨大的，因为奥坦多人内有思维，外有言语。

有谁能够说出一个愚笨者的结构与一个普通人的结构到底在什么方面

---

[1] 奥坦多人是游牧民族，从前分布在南部非洲的整个西部地区。现在集中在西南非洲的南部。

有所不同？差距肯定是存在于物质器官上，因为愚笨者毕竟也像普通人一样有着自己的心灵。那么，既然二者完全相像、符合，这么一点我们无法看清的细小的差别足以摧毁思维，或使思维诞生，那我们还应该对没有思想本原的猴子从来就没有产生思维感到惊讶吗？

即使在动物中，尽管所有的动物都不具有思想本原，但接受训练的那些动物都更加聪明。大象是所有动物中生长发育最慢的动物，它在出生后的第一年内，全都依赖母象的喂养，但它却是所有动物中最聪明的动物，而印度猪三个星期就长大了，就能产猪崽了，但它也许因此成了最愚笨的动物之一。至于猴子（我们在此只说它的本性），不管它如何像人，它都有着一种极强烈的动物性，这在它一生下来的时候就能看出来，因为它比新生儿的形态更明显。生长发育非常快，它只是在生下来之后的头几个月里需要妈妈的照顾，它接受的只是一种纯个体的教育，因此，它同其他动物一样，怎么教化也不会有大的长进。

因此，猴子就是动物。它尽管与人很相似，但远不能成为人这一种属中的第二位，而且也不是动物系列中的第一位，因为它并不是最聪明的动物。人们正是根据这层身体相似的关系才形成了对猴子的特性的很大的偏见。有人说，猴子从里到外都像我们，因此它不仅应该模仿我们，而且它还自觉自愿地做我们所做的一切。我们刚才看到了，我们称之为人的一切行动都是与社会相关联的，这些行动首先全都取决于心灵，然后取决于教育，而这种从父母传给孩子的教育是必需的，是长期养成的，习惯成自然。但是，在猴子这类动物中，这种习惯的持续是很短暂的，猴子跟其他动物一样只接受一种纯属个体的教育，因此，猴子不可能做到人所做的一切，因为猴子的任何一个行动既无同样的原则又无同样的结果。至于似乎是猴子最明显的特点的模仿（这是猴子这一属最令人惊讶的属性，而人们总认为这是猴子的独一无二的才能），在做出这个表述之前，必须研究一下这种模仿是自然的还是被迫的：猴子模仿我们是因为它愿意这么做呢，还是因为它并不愿意却被迫而这么做的？我愿意就此问题提请所有不带偏见地观察过这种动物的人们注意，而且我深信他们将会和我一样地说，在这种模仿中，无所谓自愿或被迫的问题。猴子有胳膊有手，它像我们一样地在使用它们，但它在使用时并没有想到我们：四肢和器官的相似必然会做出同样的动作，甚至会做出像我们一样的连续性动作。由于形态与人相似，猴子因而只能像人一样地活动，但是活动的相像并不是说活动为了模仿，如果我们给予两个天然物体以同样的冲量，如果我们制作两只挂钟，两个相同的机器，它们将会做出同样的运动，那么，如果我们说这两个天然物体或这两个机器只是为了模仿才这么活动的，那就大错特错了。同样，猴子与人的身体动作相似也是这个道理，人与猴是两个制作完成的"机器"，结果完全相同，它（他）们是因本性所致才以近乎相同的方式活动的。但是相同并非模仿；一个是存在于物质之中，另一个则只是通过精神才存在的；模仿以有模仿意图为前提，可猴子是不可能具有这种意图的，这种意图的产生需要一连串的思考，因此，从这个原因来看，人如果愿意的话，是可以模仿猴子的，而猴子甚至是不可能想到模仿人的。

哲学家们庸俗地把猴子看成一种难以确定的生物，它的本性至少是模糊不清的，是介乎于人的本性与动物的本性之间的，它实际上只是一个纯粹的动物，一个戴着人的面具的动物而已，而其内里根本就不存在思想，不存在成为人的所有一切。猴子是一种在相对的才能方面，而且主要是在本性、性情以及受教育、受掌握、身体发育、寿命的长短等方面，也就是说在构成一个特殊的生物中被称之为"本性"的所有的真正的习惯方面大异于人的动物，它甚至比其他好多种动物都要低下。

论动物的退化（1766 年）

　　当人类开始改变生存的地方，从一个气候条件转移到另一个气候条件下去生活的时候，其本性也发生了一些变化：这些变化在温带地区比较小，我们认为这是因为他们移居的地方与他们原住地相近相邻的关系，但是，随着他们离原住地越来越远，他们的变化也就越来越大。经过数个世纪之后，人类穿越了好几个大陆，由于不同的地域影响，他们的后代已经发生了变化，他们已经主动地习惯了极端的气候，愿意生活在南方的沙漠地区和北方的冰雪地带。他们的变化之大之明显，很可能会让我们不无理由地认为黑人、拉普兰人和白人分属于不同的种属，如果这些白人、拉普兰人和黑人尽管差别很大但却能友好相处，共同促进我们人类唯一的大家庭的发展的话。因此，他们的肤色根本一开始就是千差万别的；他们的迥异只是外在的，所以这些本性的变化只是表面的；可以肯定，所有的人，无论是生活在炎热地区、皮肤黝黑的人，还是生活在北极的冰天雪地中、棕褐色的矮人，都同属一个人类。

　　自黑人被贩卖到美洲，也就是说自从大约二百五十年以来，人们并未意识到那些纯种的黑人家庭的肤色与初始状态的颜色相比已经发生了一些细微的变化。的确，南美洲的气候比较炎热。连当地居民的肤色都变成了褐色，所以居住在南美洲的黑人的肤色仍然很黑就不足为奇了。要想对人种的肤色的变化进行试验，就必须将塞内加尔的几个黑人运到丹麦去。丹麦人都是白皮肤、金发碧眼。那儿的人与黑人的血缘的差异和肤色的反差非常之大。必须将这几个黑人和他们的女人关在一起，精心严格地保存他们的人种，不让他们与其他人种交配。这是我们可以运用的唯一的办法，

140

以了解必须多长时间才能在这个方面恢复人的本来面目，同样，也可以通过这个办法了解需要多长时间才能让白人变成黑人。

牛是所有家畜中受食物影响最大的动物。在牧场草壮水美的地方，它长得膘肥肉壮、体型庞大。古代的人称埃塞俄比亚和亚洲其他的一些地区的牛为"牛象"，因为它们确实体大如象，这是因为这些地方青草生长茂盛，草质肥美所致。在我们欧洲，也不乏这种例证。一头在萨乌瓦地区或瑞士的山顶牧场放牧的牛，其体型比我们法国的牛要大一倍。虽然瑞士牛和我们法国牛一样，一年中大部分时间都是圈养的，只吃干草，但是我们两国的牛之间的最大的差别在于，在瑞士，一旦冰雪融化了，瑞士人就把牛群放养在山间牧场上，而在我们法国，必须等到为马割好全部草料之后，才将牛群放入牧场里去，因此，它们未能获得充足的肥美牧草，这一点我们国家必须加以注意，这是利国利民的大事，所以必须对此制定法规，禁止把草场闲置而不许牛群进入。气候对牛的体质也有着很大的影响。在新旧两个大陆的北方土地上，牛身上长满着像羊毛一样又长又柔软的毛，其肩头还长着一个厚实的肉瘤，这种畸形在亚洲、非洲和美洲的牛身上也全都可以见到。只有欧洲的牛没有这种大肉瘤，而这种无大肉瘤的欧洲牛却是牛的原始种属，而长大肉瘤的牛是从第一代或第二代开始杂交而来的。这再一次证明长大肉瘤的牛只是原始牛的一种变异，这是因为它受到了似乎超乎寻常的退化变质的影响。在这些长着大肉瘤的牛中，牛的体型大小存在着极大的差别，阿拉伯的小瘤牛的体型顶多只有埃塞俄比亚的"牛象"的十分之一大。

一般来说，以草和水果为食的动物受到食物的影响更大，而且效果也十分明显。相反，食肉动物受食物的影响不如受气候的影响大，因为食肉动物所吃的肉是它们所捕食的小动物的现成的肉，是它们所习惯了的肉，而草因为是在大地上生长的，有着土地的全部属性，从而把土地的属性立即传送给食草动物了。

狗也一样，食物对它们只有轻微的影响，可是狗却是食肉动物中种类繁多的动物。狗似乎在其退化过程中完全受到不同气候的影响。在最炎热的地区，狗浑身光秃无毛；在北方的严寒地区，它身上长着又粗又厚的毛；在西班牙和叙利亚，狗像是穿着一身光鲜美丽的裙装，因为那里的气候温和，大部分的动物毛皮光亮如丝绸一般。但是，除了这些只是因为气候的影响而发生的外部的变化之外，狗这一种属的其他一些退化情况，这是其环境条件、被人圈养，或者可以说是与人类一起生活等原因造成的。狗的体型大小源于我们将大型犬和小型犬分别集中在一起的缘故。狗的尾巴、嘴脸、耳朵的长短也是出自人手。那些被人一代一代地剪短了耳朵和尾巴的狗，使这一缺陷或部分或全部地遗传给了自己的后代。我看见过生下来没长尾巴的狗，一开始我还以为是狗类的怪异的个体，但是后来我知道了，这种没长尾巴的狗的品种确实是存在的，而且是代代相传的。而那些有着人工喂养的最明显、最普遍的标记，长耳垂着的狗，难道不是几乎所有的狗都是这样吗？在将近三十个不同品种组成的我们今天的狗类中，只有两三种狗还保持着原始状态。只有牧羊犬、狼狗和北方狗的耳朵是竖立的。而且狗的吠声也发生了很大的变化，它们似乎总喜欢冲人吠叫，它们是所有长着长舌头的动物中把舌头的功能运用和发挥到极致的动物。而在原始状态时，狗几乎是不叫的，只是遇到异常情况时才狂吠不止。它们是在同人类的交往之中学会吠叫的，特别是遇到所谓的文明人的时候。如果把它们送到气候条件极端，送到像拉普兰人或黑人那样的粗俗的人群中去，它们就丧失了吠叫的能力，恢复到原始的轻轻哼叫甚至根本不叫的状态。耳朵竖立的狗，特别是牧羊犬，是所有种类的狗中退化最少的狗，而且也是最不喜欢吠叫的狗。它们尽管有时候很活跃，甚至很聪明，但是因为生活在野外，只同羊和几个牧人在一起，所以也像牧人和羊一样不怎么出声。它们是所有犬类中受人类驯化最少的，但又是最具有自然特质的，是最听话、最能看护羊群的，因此，应该多培养这种类型的狗，而不是那些供人赏玩的狗，因为宠物狗的数量已经多得惊人，在各个城市中，宠物狗所消耗的食物足以养活无数的贫穷家庭了。

家庭喂养大大地改变了动物的颜色。动物的本色原本都是浅黄褐色或黑色的，可狗、牛、山羊、绵羊、马的颜色都发生了很大的变化，就连猪的颜色也由黑变白了。通体纯白，没有一点斑点似乎是动物退化的终极点，而通常情况下，动物似乎总有一些不完美之处，总有一些重要的缺陷。在白人中，那些比所有其他的白人更加白，而且其头发、眉毛、胡子等又是生来就白的人，往往会有生理缺陷，如耳聋，以及眼睛发红，视力低下，而在黑人中，白种黑人要比其他所有黑人体质更虚弱，生理缺陷更多。

在我们刚刚观察研究了向我们表明每个物种的退化的那些变种之后，出现了一个更加重要而其看法又更加广泛的思考，那就是对物种本身的变化的看法。这种更加久远的退化似乎在每个"家族"中都出现了，或者说在我们可以了解其近亲的和与它们差别不大的物种的每一种中出现了。在所有陆地上的动物中，只有几个像人类一样的种和属。大象、犀牛、河马、长颈鹿能组成一些种和属，但它们只是直系繁衍，而无任何的旁系。其他的动物似乎能组成一些"家族"，我们可以从中发现它们有着一个共同的主根，再由这个主根生出一些不同的分支，而每一属种的个体越小，繁殖力越强，分支也就越茂盛。

依据这一观点，马、斑马和驴是同一个"家族"中的三种动物。如果说马是根或者主干的话，那么斑马和驴就是分支。它们三者之间的相似之处远远超过了它们之间的不同之处，因此，我们可以把它们视作同一个属，它们的主要特征十分明显，而且是共同拥有着这些特征：它们是唯一的真正的奇蹄动物，也就是说，它们只有一个蹄，无任何趾甲或脚趾的痕迹。尽管它们形成了三个明显不同的物种，但是它们之间仍旧是密不可分的，因为母马可以与公驴交配繁殖，公马也可以与母驴交配繁殖，如果我们得以驯服斑马，去除它的野性和暴烈的话，它也会同马和驴交配，同样也可以繁殖。

被人们一贯视为劣等杂交品种的骡子，是马与驴的混合体，它自身不能繁衍，无法成为独立的一支。然而，骡子并不像人们抱有偏见地认为的那样，是因为受到严重的损害而无法繁殖后代的，它并不是真的不能繁殖，它的这一缺陷是外在的和特殊的因素导致的。我们知道骡子通常是在热带地区生活的，在我们的温带地区也可见到一些，但是，我们并不知道骡子是否就是单纯的母骡与公骡的结合产生的，或者说它是否是公驴与母马结合的产物，或者是公驴与母骡结合的产物。有两种公骡，一种高大，叫大公骡、"马骡"，或者简单地称之为公骡，它是公驴与母马结合的产物；另一种小公骡，是公马与母驴交配的产物，我们称之为"驴骡"，以区别前面的"马骡"。古人了解这两种骡子，像我们一样用两个不同的名称称呼它们，以示区别。他们把公驴与母马生的公骡称为"mulus"，把公马与母驴生的公骡称为"hinnus"或"burdo"。他们认为母骡（"mula"）容易受孕，但却难以保住胎儿。古人还说，尽管常常有一些母骡产子的例子，但是必须把这看作一个奇迹。可在自然界中，这到底算是奇迹呢，还是一个罕见的现象？公骡有生殖能力，而母骡能够受孕、怀胎、产子，但得有一些条件。这些条件究竟是什么，必须做一些实验，以便了解个究竟，并获得一些新的依据，使我们得以从中弄清楚物种通过杂交引起了什么样的变化，并且对每一属的单一性和多样性有进一步的认识。为了使这些实验获得成功，必须让马骡分别与母骡、母马、母驴进行交配，看看这些动物交配之后的结果如何。同时，还必须让公马和公驴与母骡交配，而且也让它们和小母骡或母马骡交配，看看它们生下的是什么。这些实验尽管比较简单，但却从未有人做过，当然也就没人知道究竟是怎么回事。我很遗憾自己没有能力去执行这一计划，但我深信从这些实验中肯定会让大家了解到我所推断的结果的。我认为，在上述实验中，公驴与母马骡的交配、公驴骡和母骡的交配肯定一无所获，而公骡和母骡的交配以及公马骡与母马骡的交配也许有可能获得成功，尽管成功的概率很小。同时我还认为公骡与母马交配要比母驴与公马骡交配的成功率大，而公骡与母驴交配要比同母马交配的成功率高。再有，公马或公驴与母骡交配也许都能产子，但是公驴要比公马的成功率更大。必须在气候炎热程度至少与我国的普罗旺斯一样的地方进行这类实验，而且还必须挑选七岁的公骡、五岁的马和四岁的驴，因为这三种动物的青春期是有所差别的。

　　通过公骡与母马、公马骡与母驴的结合，以及通过公马、公驴同母骡的结合，我们将会获得一些个体，它们会回溯到其种属，而且它们只是半公骡，不仅会像它们的上一辈一样同其种属中的马、骡、驴繁殖下一代，甚至也许能够在它们自身彼此之间产下下一代，因为它们的下一代只受到一半的损害，所以不会比原始的骡子受的伤害更大。如果这些半公骡产不了子的话，或者如果其产下的后代又稀少又困难的话，那么我敢肯定，让那些产下的并只受到四分之一损害的后代向它们的原始种属靠近一度，它们之间就能互相交配、繁衍后代，而且形成一个新的分支，这个分支既非马的分支也非驴的分支。我相信古人所说的生育力强的公骡在亚里士多德的年代已经在叙利亚的腓力基人的土地那边存在着，它们很可能就是那些半骡的一个亚种，或者是我们刚才所说的通过杂交而形成的四分之一骡的一个亚种，因为亚里士多德明确地指出，这些能生育的公骡在总体上是相像的，同样，不能生育的骡子在总体上也是相像的。亚里士多德还把它们同他在其书中的同一章里所提到的"野驴"区别开来，因此我们只能将这些动物归于很少受到损伤的并且可能具有繁殖能力的骡子中去。还有，塔塔尔地区的有生育能力的骡子，也可能并不是"野驴"，而是腓力基那的同样的骡子，其亚种也许一直延续至今。本身更像骡子，而不像马和驴的斑马可能也有这么一个相同的根，它身体上的黑白相间的、对称的、永远不变的条纹似乎表明，这些条纹源自两个不同的种属，在杂交的过程中，黑白两色分了开来，因为大自然在其任何一种作品中都没有像在斑马身上那样果断，而且还很少有差异；大自然让斑马身体的条纹从白到黑，从黑到白，中间没有任何的中间色。

不管怎么说，通过我们刚刚所论述的所有这一切，可以肯定骡子总的来说并不像大家一贯指责的那样没有性功能，没有生殖能力，只是在源自马和驴的骡子的个别品种中，这种无性功能、无生殖能力的现象才表现得十分明显，因为公山羊和母绵羊的杂交品种就与它们的父母亲一样有很强的生殖能力，而且在鸟类中，大部分源自不同种属的杂交品种也都具有很强的繁殖能力，因此，必须从马和驴的特殊本质中去寻找它们的杂交品种不育的原因。我们不应该将不孕症认作所有骡子的一个普遍而必然的缺陷，而应该把不孕的骡子的范围缩小到由驴和马生下的骡子，并且还必须将这个不孕的范围缩小到极致，因为同样的骡子在不同的环境条件之下能够变成具有生育能力的骡子，特别是当它们向它们的原始种属接近一步的时候。

马和驴交配产下的骡子像其他所有的动物一样有着完整的生殖器官，公骡、母骡身上什么都不缺，它们体内存有大量的精液，因为人们不怎么允许公骡交配，所以它们经常憋得难受，急于将精液排出，于是它们便趴在地上，腹部贴地，两只前蹄弯曲在胸前，相互摩擦。由此可见，公骡也是动物，也具有所有交配的必需的条件。它们甚至欲火旺盛、饥不择食，对母骡、母驴、母马几乎同样有着强烈的欲望。因此让它们交配根本就没有任何的困难，但是如果想要让它们的交配有所收获的话，那就必须给予它们特殊的关心与照料。过于强烈的性欲，尤其是对母骡来说，往往会造成不孕，而母骡至少是同母驴一样具有强烈的性欲的。我们知道，母骡会排斥公骡的精液，因此，若想让母骡受孕，就必须打它几下，或者往它屁股上泼点凉水，以平抑母骡交配后仍保持着的那种交配导致的痉挛，而这种痉挛正是排斥公骡的精液的原因。母驴和母骡都很不喜欢生育。它们原先生活在气候炎热的地区，而来到寒冷的气候条件之下，它们的生殖能力大受影响，正因为如此，人们往往要等到夏季来临才让它们交配。在其他季节让它们交配，尤其是让它们在冬季里交配，即使让它们反复多次交配，受孕的概率也微乎其微。而这种时间上的选择不仅对受孕的成功，而且对生育的成功都非常重要。必须让驴崽子在炎热的气候条件下产下，否则不是夭折便是体弱。由于母驴怀胎期是一年，所以它生子的季节与它受孕的季节是同一个季节。这足以证明炎热不仅对动物的繁殖而且对其后代的健康成长都是极其重要的。正是根据母驴性欲极其旺盛的原因，人们让母驴在产子后立即进行交配，它们在产子和再交配的间隔时间只有七八天。母驴产后身体虚弱、性欲变弱、激情锐减，因为短短的七八天的休息时间，不足以使它们恢复往日的那番强烈的欲念。只有在母骡体力恢复，精力旺盛的情况下，受孕的可能性才更大。有人声称这种动物与猫类一样，雌性的性欲胜过雄性，但是公驴则在性欲方面要求更加强烈，它们可以同母驴一天之内数次交配，最初的交配的快感不但未熄灭，反而愈演愈烈。有的公驴累得呼哧带喘，精疲力竭，但却因天生的本能使然，仍乐此不疲，甚至有的公驴一连交配了十多次，中间没有停歇，只能靠饮水来补充这巨大而迅速的消耗，结果却一命呜呼了。这种不要命的激情对公驴消耗太多，所以难以为继，种驴很快便败下阵来。也许正是因为这个原因，人们才声称母驴比公驴更健壮、寿命更长。可以肯定的一点是，如果有所节制的话，母驴可以存活三十年，而且每年都能生育，而公驴则不然，如果我们不让它们有所收敛的话，它们用不了几年工夫便会气力全无，从而丧失生殖能力。

各目间的差异（1770 年）

我们从最身轻体健、穿云钻雾的鸟类讲到最笨重的、不能离开地面的鸟类，这个跨度有点大了，但是比较是我们获得所有的知识的途径。由于比较的反差特别鲜明，我们就能更好地通过这种反差去搞清楚我们所观察的生物的本性的主要部分。同时，只有通过对两个极端的清楚认识，我们才能对介乎二者之间的生物做出判断。大自然包罗万象，它向我们展现出一幅巨大的图像，在这张图像中，生物中的各个目都是通过一条生物链出现的，这条生物链连接着一系列的、持续不断的、比较相近、比较相似、几乎分不清差异的生物。这条链并不只是一根伸长的线，而是一个网状结构，或者说是一个线束，它间断地向旁边伸出一些支脉，在另一个目中与主线束会合。这些线束在两端弯曲、变细，然后到达另外的一些线束。我们在四足动物目中看到过生物链两端中的一端，通过像鸟类一样会飞的飞鼠、狐蝠、蝙蝠伸向鸟目。我们还看到同样的一条链通过它的另一端向下，经由海豹、海象、海牛，直达鲸目。我们在这条链的中间看见了一条从猴子，经过叟猴、猿猴和猩猩，伸展到人的一条支脉。我们看见这条支脉在另一个点上伸出两条小分支，一条通过食蚁兽、穿山甲等其形状类似鳄鱼、鬣蜥、巨蜥的动物，伸向爬行动物；另一条则经由整个身体覆盖着一副骨质盔甲的犰狳，伸向甲壳动物。同样，鸟类的那个多目的线束也是如此，如果我们把最身轻体健、最善于飞翔的鸟类放在最高点的话，我们就会逐渐地、不易觉察其差异地向下伸展到最笨重的、最不灵活的、没有任何飞行器官的那些鸟类。而且，我们将会发现这个线束的低端分成两个分支，一支包括陆地鸟，诸如鸵鸟、鹤鸵、渡渡鸟等，它们都不能飞离地面，而另一支向一旁伸去，伸向企鹅以及其他的水鸟，这些鸟只能在水中生活，而无法在陆地上生存。这就是我们想在了解中间生物之前，首先必须观察研究的这个链的两端；中间生物全都或多或少地偏离或不等地融入这两端的本性之中。如果我们不通过仔细地观察弄清大自然的极限在哪些中间生物上留下落脚点的话，我们就会感到茫然。为了赋予这种形而上的观点以其全部的深度和广度，为了通过一些正确的运用以证明这些看法，我们本应在讲述了四足动物的历史之后，通过从大自然中最常见的动物的历史开始讲述鸟类的历史。鸵鸟因其腿的形状一部分源自骆驼，因其翅膀所武装的管或刺而像豪猪，因此它应该归于四足动物。但是哲学往往被迫无奈地装出要向公众舆论让步的样子来，博物学者们的群众人数众多，他们难以容忍别人打乱他们的看法，他们可能把上述看法视为不适宜的新玩意儿，认为这是有人在标新立异，想独树一帜。然而，大家将会看到，除了我刚才所说的那两处外形上的关联之外，除了那唯一可以让人将鸵鸟列为众鸟之首的个头的特点之外，它在其内部结构上还有其他许多与四足动物相似之处，因此，它几乎既像鸟目又像四足动物目，它应该被视为鸟类和四足动物类之间的一种。

在表示动物世界的每一条链中，伸向其他目的那些分支总是比较短的，只有很少的属。不能飞翔的鸟类只有七八个属，会飞的四足动物只有四五个属，其他的那些从其目中或从主线束中分出来的分支也是这种情况。它们总是通过大量的相似、相符、相近之处而与主线束靠近，而且与其他的目只有某些关系而已。这可以说是一些不明显的特征，只是大自然为了向我们展示它的威力之大之广而创造出来的，像是要让哲学家们感觉到它不会受到我们的方法的干扰，不是局限于我们的思维方式的狭小圈子里而创造出来的。

种属的亲族关系（1776 年）

　　一般来说，种属的亲族关系是那些深奥的秘密中的一个，人类只能通过一再的长期而艰难的实验才能探查清楚。我们除了通过不同种属的动物的成千上万次的结合的结果去了解它们的亲族关系的程度之外，还能有其他什么办法吗？驴是不是更接近马而不是斑马？狼是不是更接近狗而不是狐或豺？身体形状更接近人的那些大猴子，它们到底与人有多么相近？所有种属的动物从前是不是就像它们今天这个样子？它们的数量是增加了还是减少了？弱小的种属是不是被最强大的种属或者被比其他任何强大的动物都要强千百倍的人的残暴所毁灭？我们在这种种属的亲族关系和同一种属中不同的亚种间那种更知名的亲族关系之间能够建立起什么样的关系来？亚种一般来说是不是像杂交种属那样，源自那些构成亚种的最初的根个体中纯种的不相称？……在这一点上还有多少问题要提出来啊！还有多少问题我们无法解释啊！为了探索这些真相．为了了解这些真相，或者甚至为了通过已知的情况去验证这些真相，我们还得做多少实验啊！不过，哲学家们不应该气馁，而应该向大自然致敬，即使大自然对哲学家们来说显得十分吝啬或者太过神秘，而且，他们还应该庆幸，随着大自然的一部分的面纱已经被撩开，他们已经隐约地看到了无穷无尽的其他的一些事物，这些事物全都值得他们去探索。我们已经知道的那些东西应该促使我们对我们可能将要了解的东西做出判断；人的思想是无边无界的，它是随着宇宙的扩展而开阔的。因此人能够而且也应该尝试一切，只要假以时日，人就能认识一切。人甚至通过扩大自己的观察范围，从因到果那样地直接推理，就能够真实而正确地看清和预见到大自然的所有现象、所有结果。有什么能比相信人类能够认识所有的强大的事物，并且通过自己的辛勤劳动探索出大自然的种种秘密更令人振奋、更令人激动不已的呢！

World History

[shì jiè shǐ]

世界史（1778 年）

贝壳和獠牙

关于菊石[1]和一些陆生动物的骸骨

我曾说道，"应该相信，人发现已经石化了的并且尚未发现有其活的同类存在的那些菊石以及其他几种物种一直沉于深海之中，在它们所在的那个地方曾经积满了石质沉积物。很有可能有某些物种现已灭绝，而这些贝壳就是这些灭绝的物种留下来的，而人们在西伯利亚、加拿大、爱尔兰和其他好多处发现的那些特别的化石似乎证明了这一情况，因为至今人们也没有看到能够将这些化石归类的动物，而这些化石中的大部分都奇大无比。"

对这一段话我有两点重要的看法。第一点，这些菊石在贝壳动物的纲中，似乎是一个属而不是一个种，因为它们的形状与大小各不相同。它们确实是已经灭绝、已不复存在了的那些物种。我曾看到过非常小的，还没有一个线头那么大，也看到过一些非常大的，直径足有三尺[2]。有一些值得信任的研究者甚至对我信誓旦旦地说他们还见过更大的呢，甚至有一个直径达八尺，而且有一尺厚。这些不同的菊石似乎组成了一些明显区别的种属。有些菊石不太扁平，有些则很扁平。有一些菊石的凹槽深，有一些则很浅，

---

[1]　中生代的化石名。

[2]　法国古长度单位，相当于 325 毫米。

但是全都是螺旋形的，而其顶端和中间部位又各不相同。这些从前数量极大的动物今天在我们的海洋中已经不复存在了，我们只是通过它们的残骸才了解它们的，其数量之大我只需举一个我天天见到的例子就足以说明了。在埃蒂维附近有一个铁矿，它离我的布封炼铁厂只有三法里[1]，这是一座有一百五十年历史的露天矿，自一百五十年前起，艾锡炼铁厂就开始用这座露天矿的铁矿石炼铁了。我要说的就是这个地方，我在那儿看到了大量的、完整的和成了碎片的菊石，以致令我感到这座铁矿实际上成了菊石的保存地了。洛林地区的孔弗朗矿的矿石是送到弗朗什孔岱地区的圣鲁炼铁厂去冶炼的，这座矿也一样，里面保存着大量的箭石和菊石：这些最后的含铁的贝壳大小各异，有的竟然重达两百斤。我还可以举出其他一些有大量的菊石存在的地方。同样，比如箭石、晶状石和其他的许多贝壳，我们今天在海洋的任何区域都见不到它们的活体存在了，但它们的骸骨在陆地上仍大量地存在着。我深信，所有这些今已不复存在了的种属，在从前，在全球陆地和海水的温度比我们今天的温度要高的时候，一直是在生活着的。我还相信，随着全球气候变冷，现在生活着的其他一些种属的动物同样也会停止繁殖，并且灭绝，如同我们前面所说的那些动物因寒冷而死亡一样。

我的第二个看法是，属于一些陌生动物而且被认为是已经灭绝了的动物的一些巨大骸骨，在对它们进行了仔细地观察研究之后，我认为它们是属于大象和河马的骸骨，但是，实际上它们是属于一些比我们今天的大象和河马更庞大的大象和河马的。我只知道陆生动物中有一种是灭绝了的，那就是我让人按其实际大小画出来的带臼齿的那种动物中的一属，我所收集到的其他的那些巨齿和大骸骨是属于大象和河马的。

这些古象的骨头和象牙至少同今天的大象的骨头和牙齿一样大。我们通过多邦东先生在《自然史》第九卷"大象"一章的描述就可以了解这一

---

[1]　法国古里，约合 4 公里。

点。但是，后来，有人给我寄来一根完整的象牙和其他一些象牙化石碎片，其长度和宽度大大地超过今天大象的象牙。我甚至让人前往巴黎售卖象牙的商店中去寻找，但并未发现有上面这根那么大的象牙。在那么多的象牙店中，只发现唯一的一根底部直径达十九寸的象牙。象牙商人把没有在地里埋过，从活象或在森林中发现的刚死去的大象身上割下的象牙叫作"生象牙"，而将从地下刨出来，因埋藏时间较长或埋藏它们的土质的好坏而或多或少有点变质了的象牙称为"熟象牙"。大部分从北方来的象牙的牙质是坚硬的，可以用来雕刻艺术品。给我们送来最大的象牙的是皇家科学院的天文学家德·里斯勒先生送的，他是在去西伯利亚的旅行中收集到的。在整个巴黎，只有一家商店里有一根这么大的生象牙，直径达十九寸，其他的象牙全都很小。这根大象牙长六尺一寸。似乎在国王的收藏室里存放着的在西伯利亚发现的那些象牙，完整时超过六尺半，但是由于其顶端没了，所以只是估计测算出来的。

大自然的时期

　　大自然是与物质、空间和时间共存的，所以它的历史也就是所有物质、所有地点、所有时期的历史。尽管乍看起来似乎它的伟大杰作是既不会变质也不会改变的，即使在它的最脆弱、最短暂的产品中，它都始终如一地保持着原状，因为每时每刻它的最初的原型都会以新的样子在我们面前显现出来，但是，如果我们仔细地观察它的话，我们将会发现它的进程并非绝对一成不变，我们将会看到它会有一些明显的变化，它会连续不断地变质，它甚至会进行一些新的组合，出现一些物质和形式上的改变。总之，尽管大自然就其总体来说似乎是固定不变的，但就其各个部分而言，它是在发生变化的。因此，从整体来看，我们毫不怀疑今天的大自然与它开始时的形态，与它在后来的时间嬗变中的形态是大不一样的。我们正是将它的这些不同变化称为大自然的各个时期。大自然经历过不同的状况；地球表面相继出现过不同的形态；甚至天空也曾变化过，而且宇宙万物像精神世界中的一切一样处于一种连续变化的持续运动之中。比如，我们今天看到的大自然的状况既是大自然的杰作，也是我们的杰作。我们懂得了如何控制大自然，改变大自然，使大自然服从我们的需求，遵从我们的意志。我们探测过大地，耕耘过大地，使大地变得肥沃。因此，大自然现在所展现的面貌与各种技艺发明之前的面貌迥然不同了。精神的或者说寓言的黄金时代只不过是物质的和寻求真理的时代。那个时代的人还处在半野蛮人的时期，他们人数不多，分散居住，没有感觉到自己所具有的力量，不了解自己的真正财富。他们的智慧尚处于懵懵懂懂之中；他们不知道团结起来的力量，没有想到群策群力、齐心合力，就能够让宇宙万物顺从自己的意愿。

因此，必须前往那些新发现的地区，前往那些人迹罕至的地方去寻找、去观察，以便对大自然的原生态形成一个观念。但是，如果与我们的一块块大陆仍被海水覆盖的时期相比，与鱼类尚在我们的平原生活的时期相比，与我们的高山仍是大海的一座礁石的时期相比，那么大自然的所谓原生态仍旧是很近代的了。从远古时期（可这远古时期仍旧并非最早的时期）直到有历史的时期，相继出现了多少变迁和多少不同的阶段啊！多少的事情被湮没了！有多少变迁被我们完全遗忘了！有多少激变在人类有记忆之前就已经发生了！人类花了三千年的时间才头脑清醒，但也只是了解了事物的现状。大地仍未被我们全部发现；它的面貌也只是不久之前才被弄清楚的；也只是直到今天我们才把对地球的内部情况的认识提高到了理论的水平，才将地球构成的物质的次序和分布搞清楚；因此，也只是在现在我们才开始把今天的大自然和原始的大自然进行了比较，才从它现今的已知的状况回溯到它的更加古老的几个时期。

但是，由于这个问题牵涉到要穿越黑暗的时光，要通过对当前的事物的观察研究去认识被灭绝了的事物在古代的存在情况，而且仅通过现存事实的力量回溯到被湮灭的事实的历史真相，总之，由于必须根据现状，不仅要去判断较近的往昔而且还要判断较远的往昔，而为了提升到这么一个高度，我们需要集中我们的全部力量，而且我们将运用二大途径：一、能使我们近距离地接触大自然起源的那些事实；二、我们应该视作大自然最早时期的见证的那些遗留物；三、那些能够提供我们关于大自然后来的各个时期的某种概念的传说。这之后，我们将竭力地通过类推法将所有的一切联系起来，构成一个链，从时间的阶梯的最高处一直过渡到我们今天。

第一种遗留物。人们在地球表面和地下找到的一些贝壳和其他海洋生物的遗骸，而人们称之为钙质的所有物质都是由它们的残骸构成的。

第二种遗留物。人们在研究从法国、英国、德国以及其他欧洲国家的地上和地下获得的那些贝壳的时候，发现这些残骸所属的那些动物种属的一大部分并不是存在于相邻的海洋里的，而且这些种属的动物或已经不复存在了，或只生活在南方的大海里。人们还发现在深海中的板岩里或其他的一些物质里，有一些鱼类和植物的印记，可是其中没有一种是属于我们的气候条件下的，它们已经不复存在了，或者只是存在于南方的气候条件下。

第三种遗留物。人们在西伯利亚和欧洲以及亚洲的北部地区，发现了一些象牙残片以及大象、河马、犀牛的残骸，而且数量较多，足以证明今天只能在南方地区繁衍的这些动物从前是在北方生活和繁衍的，而且人们还观察到这些陆生动物的残骸都遗留在地下较浅的地方，而不像贝类和其他所有的海生动物的遗骸那样深埋在地球的深处。

第四种遗留物。人们不仅在欧洲大陆的北方地区而且还在美洲的北方地区找到象牙、大象遗骸以及河马的牙齿，尽管大象和河马在新大陆并不存在。

第五种遗留物。人们在各大陆的内陆地区，在远离海洋的地方，找到无数的贝壳，其中大部分属于今天仍生活在南方诸海的那些动物，但是其中也有好几种没有发现现在仍有其同类品种存在，因此，这些动物由于一些至今仍不知晓的原因似乎已经消失了，灭绝了。

在将这些遗留物与现象进行比较的时候，人们首先发现玻璃化的物质的形成时间要比钙化物质的形成时间久远，而且人们似乎已经可以在最久远的时间里区别出四个甚至五个时期来：在第一个时期，地球的物质因为大火的关系而呈融化状，大地成形了，并且因自转运动而上升至赤道和下降到两极；在第二个时期，地球的这个物质凝固了，形成大块的玻璃化物质；在第三个时期，大海覆盖着现在为人所居住的陆地，大海里生活着贝类动物，其残骸形成了钙化的物质；在第四个时期，覆盖着各个大陆的海水退下去了。还有一个第五时期，它与前四个时期一样地、明确地被划分了出来，那就是大象、河马和其他所有南方的动物生活在北方土地上的时期。这个时期显然是在第四时期之后，因为上述动物的遗骸几乎全都留在了地球的表面，而不像海生动物的残骸那样，后者大部分都留在了原地的地下深处。

阐述完这些之后，我认为问题的范围便缩小到弄清楚，或者说探索清楚是否有或者曾经有过一个原因，这个原因能够改变地球各个地方的温度，以致今天天寒地冻的北方地区从前曾经像今天的南方一样炎热。

有些物理学家可能会想，这种结果是由黄道交角的改变造成的，因为乍看起来，这种改变似乎表明，由于地轴不是固定不变的，所以从前地球得以在一个比离今天的轴较远的一个轴上转动，以致当时西伯利亚曾经位于赤道上。天文学家们观察到黄道交角的改变，一百年大约四十五秒，因此，假定这个增加是持续的、恒定的，那么只需六千年就会产生一个四十五分的差异，这样一来，纬度六十度就会回到十五度上去，这就是说，大象从前生活的西伯利亚的那片地方就会回到大象今天生活的印度各地。人们会说，这只是在承认这是一个往昔的漫长时间，以证明大象曾在西伯利亚存在过；三十六万年前，地球在离今天的那个轴有四十五度远的一个轴上转动；现在的纬度十五度就是当时的纬度六十度，等等。

对这一点，我想回答说，由此推论出来的观点和解释方法，当我们细加研究时，是站不住脚的。黄道交角的变化并非一种持续而恒定的减小或增大，恰恰相反，它只是一种被限制着的改变，这种改变是忽而向这个方向，忽而又向另一个方向的，因此它绝不可能在任何方向上以及对于任何的气候产生这种四十五度的倾斜差异，因为地球轴的倾斜是由于行星偏离倾斜度而不影响赤道引发的。要想拥有像金星的最强大的引力的话，必须花上一百二十六万年的时间，才能使它在金星轨道上的倾斜位置改变180

度，从而在地球轴的真正倾斜度上产生一个6度47分，因为6度47分是金星轨道倾斜的一倍。同样，木星在九百三十六年的时间里的移动只能改变2度38分的倾斜度，而且这个结果还部分地有赖于金星的倾斜的缘故。因此，地球轴的倾斜度的变化绝对达不到6度，除非我们假定所有行星的轨道都将有所改变，而这是我们既不能做出也不该接受的假定，因为没有任何原因可以产生这一结果。由于人们只能根据对现在的看法以及对未来的推断来判断往昔，无论我们退到时间的多么遥远的最早界限，也无法假定倾斜度的变化可能在地球气候方面产生大于6度的影响。因此这个原因是完全不充分的，而人们因此而做出的解释是应该被摒弃的。

但是我倒是可以阐明这个极其繁难的解释，而且能从一个直接的原因中把它推论出来。我在前面说了，地球在刚成形的时候是处于一种流动状态中的，这就表明水没有能够把大地物质溶解掉，这种流动是大火引起的一种液化。为了从这种最早的被大火烧熔的液化状态发展到一种温热的状态，是经过了很长的时间的。地球未能一下子就完全冷却，成为今天这个样子。因此在地球形成之后的最初时期，地球本身的热力要大于它从太阳吸收到的热力，因为我们可以看到地球今天仍然非常之大。后来，这大火渐渐地熄灭了，极地气候像所有地区的气候一样，热和冷的温度都持续地低了几度，因此，有一段时间，甚至是很长的一段时间，像其他地区一样经大火焚烧之后的北方地区的气温如同今天的南方地区的气温一样，所以这些北方地区能够而且应该可以允许现今的南方地区的动物生活下去，这种炎热的气候是这些动物所必需的。这么看来，这一事实非但不特别，而且完全是同其他事实联系在一起的，它只是一个简单的结果而已。这一事实非但没有与我们创立的地球理论相悖，恰恰相反，它成了一种附属的证明，反而在这个理论最不明晰的地方证实了它的正确性，也就是说，当我们开始陷入那种天才的智慧似乎熄灭的黑暗时期中，两眼一抹黑，不知欲往何方的时候，它将我们引领到正确的路径上来了。

在前五个时期之后，还有一个第六时期，那就是新旧两大陆分开的时期。可以肯定，在美洲、欧洲和亚洲北方地区同样都有大象生活的时候，这两个大陆并未分隔开来。我之所以用"同样都有"这个词，是因为人们在西伯利亚，在俄罗斯和加拿大同样都发现了这些大象的遗骸。因此，新旧大陆分隔开来的时间只能是在这些动物在北方地区生活的时间之后，但是，由于人们在波兰、德国、法国、意大利也发现了一些象牙，因此应该得出结论，随着北方地区气候变冷，这些动物便迁徙到气候温和的地带，那儿太阳的热力和地壳的厚度弥补了地球内部热力的散失。而且，我们还可以做出结论，由于这些地区最后随着时间的推移，也变得十分寒冷，这些动物便相继地迁徙到气候炎热的地区，在那儿，地球内部的热力因地球的椭圆形球体的巨大厚度而得以长时间地保存着。地球的内部热力与太阳的热力合二为一，所以这些热力至今仍不衰减，继续散发着。

同样，我们在法国以及欧洲的其他地区也发现了一些只能生活在最南边的大海里的海生动物的贝壳、骨骼和脊柱。海洋的气候与大陆的气候有着同样的温度变化，而这第二个事实的原因同第一个事实的原因是一样的，因此它似乎证明了一切，将一切显示了出来。

当我们对这些活的大自然初期的古代遗留物与大自然现今的产品进行比较的时候，我们明显地看到每一种动物结构形式中的主要部分都保持未变，没有退化。每一个物种的类型都毫无变化；内部模子保持了它的原来形态，没有任何改变。尽管人们希望想象中的时间更替有多么长，尽管人们假设的或承认的代际的数量有多么大，但是每个属的个体今天都在代表着最早的那几个世纪的那些属，特别是在那些大的种属之中，它们的印记更加固定，它们的特性更加明确，因为低等种属正像我们说过的那样，明显地遭受了不同原因的退化的全部影响。只不过，就这些大的种属，如大象和河马，必须指出，将它们古代的遗骸与它们今天的骸骨相比较的话，我们就会发现，一般来说，这些大动物当年比它们今天的躯体更加庞大。

当年，大自然正值旺年；地球的内部热力能给予它的产品能够吸收的全部的力量。在这最初的阶段，各属都有一些巨大的动物存在，而矮小的像侏儒一般的动物则是后来才出现的，也就是说在气候变得寒冷之后出现的。如果像其他一些遗留物展示的那样，有一些种属失去了，也就是说，如果有一些过去曾经存在过而今天已不复存在了的种属的话，那也只是那些生性需要比现在的酷热地区更加炎热的气候的动物、那些几乎呈方形的和尖端很钝的巨大的臼齿，那些其中有些直径达好几尺的巨大的石化了的蜗螺，以及其他好多种已经在任何地方都不见其活体的鱼类和贝类的化石，说明那些动物只是在大自然的初期存在过。在那个时期，陆地和海洋还挺热的，在其中生活的动物应该是需要这种炎热的，而今，它们已不复存在了，这可能是因为它们在气候变冷的时候灭绝了。

这就是由事实与遗留物所指明的时间的顺序。这就是大自然初始阶段的相继的六个时期。这六个时期尽管界限并不分明，但仍不失为真正的六个时期，因为这六个时期并不像人文史的时期，后者是由一些固定的点标明的，或者是被一些世纪和其他的一部分我们可以计算和精确测算的时间所限定的，但是，我们还是能在它们之间通过估算其相对的长度来加以比较，并且用其他的一些遗留物和事实来确定其中的每一个阶段，而这其他的遗留物和事实将向我们指明一些同时代的日期，也许还能向我们指出某些中间的和后来的时期。

根据我前面所说的来看，地球的质量是由熔化的玻璃构成的，它起先只是一个表面膨胀、坑洼不平的被大火烧融了的物质，然后因遇冷而凝固、收缩。在这一时期，在气温进一步下降的情况之下，各元素分开来了，金属物质和矿物质的熔析和升华完成了，它们进入到高地的洞穴中和山峦的垂直裂缝中，因为由于地球表面的这些突出部分是首先冷却的，因此它们也在向外部元素展现它们的那些因冷却物质的收缩而造成的先期出现的裂隙。金属和矿物被推到或被大水冲到所有的这些缝隙之中，正因为如此我们几乎都是在高山上发现它们，而在低处只找到一些新形成的矿脉。在黏土形成之后不久，最早的贝类形成了，而且最早的植物也诞生了。随着它们的死亡，它们的遗骸和碎片变成了石灰石，而植物的残枝败叶则变成了沥青和炭。与此同时，大水通过其运动和它们的沉积物组成了水平层的地球表面。随后，这些大江大河的水流又将地球表面冲刷出凸角和凹角。大自然的这些巨大的工程耗时并不多，也就是从最早的贝类和最早的植物诞生之后的两万年时间而已。这些最早期的贝类和植物在地球形成的四十五万年的那个时期，就已经是品种繁多，数量颇巨了。由于海洋一开始非常地广阔、非常地深，随后便突然退去，被它淹没的土地便显露了出来。这时候，这些显露出来的土地的表面就已经满是海生动物了。

海洋覆盖各大陆的时间持续了很长。看看地下很深处和地球上的很高处留下的那么大量的海产品，足可见海洋覆盖大陆的时间之长了。毋庸置疑，再将这些海产品被海水的运动所裹挟，随后被冲死，成为碎片，继而形成大理石、石灰石和白垩的时间加进去，这个时间又不知有多长了！这漫长的、持续的世纪，这两万年的时间，我觉得对于所有这些遗留物展示给我们的那一连串的结果来说，仍旧是太短了。

我们在此必须考虑大自然的进程，甚至应该对它的方式方法有所了解。活性有机分子自温热的元素得以与组成有机体的物质相融合之时便存在了。这些有机分子在地球表面的高处留下了无数的植物，而在水中则造就了大量的贝类、甲壳类和鱼类，这些海生动物随后又大量地繁殖开来。植物和贝类的这种数量的增大，不管其速度如我们所假设的那样有多么地快，但也只能是在很多个世纪的时间里才能完成，因为它们繁殖的数量虽然很大，但死亡率毕竟也很高。所以为了判断过去的情况，就必须研究现在的情况。为了让牡蛎在大海中的某些地方堆积起来，以便形成一种岩石，难道不需要很多很多年吗？为了让地球表面的所有钙质物形成，难道不需要很多很多的世纪吗？为了让那些海产品不仅被碾成粉末，而且还得让水流冲积在一起，变成白垩、泥灰岩、大理石和石灰石，难道我们能不承认这需要花费的不仅是几个世纪，而是数世纪又数世纪的时间吗？而让这些新近被水冲积起来的钙质物将其表面的水分去尽、变干、变硬，成为今天这种样子，那又得多少多少的世纪啊！

地区地质：朗格勒山脉

在水流的运动和冲积物建造起来的地球表面中，必须区别两个时间段：第一个时间段是在大洪水遍地之后开始的，也就是在通过大洪水退去，地球热情地将所有禽类物质留下来，空气纯净之后开始的。这个时期非常长，以便贝类大量繁殖，直到贝壳把我们的所有山丘全都堆满了为止；而且植物也大量地生长，种类繁多，以致其残枝败叶形成了我们所有的煤矿为止；最后还得让原始的玻璃渣转变为黏土，形成酸、盐、黄铁矿等为止。所有这些最早的和最重大的结果都是在洪水退去，水位降到极低的时候产生的。然后便开始了第二个时间段。洪水的退去并非突然的事，而是经过了一长段时间，在这漫长的时间段中，仍应分出不同的时间点来。由石灰石构成的山脉当然是在这古海中形成的，海水的不同水流造成了相应的棱棱角角。因此，如果我们仔细地观察我们的海岸，就会知道"水流的独特劳动是晚于大海的总的工程的"。这一点我们甚至从未怀疑过，它非常地重要，所以我们必须想尽一切办法去支持这一观点，以便所有的人都能够明白。

我们仅举法国最高的山脉——朗格勒山脉——为例吧。它高高地耸立在香槟省的土地上，在勃艮第地区伸展开去，一直延伸至蒙巴尔，甚至伸到托内尔，而其另一边则雄踞于洛林和弗朗什—孔岱地区、这条朗格勒山脉绵延亘远，从塞纳河的源头一直延伸至索恩河，长达四十多法里，全部为钙质，完全是由海产品的遗骸组成的。正因为如此，我才拿它作为例证。这条山脉的最高峰就在朗格勒城附近，人们可以看到山脉的一侧山坡的水通过默兹河、马恩河、塞纳河等河流流入大西洋中去，而它的另一侧的水则通过最终流入索恩河的诸条河流流入地中海。朗格勒城所在的位置几乎正处于这条长四十多法里的山脉正中，两边的山势逐渐地向塞纳河和索恩河两个方向低缓下去。最后，构成这条钙质山脉两端的那些山丘全都延伸至一些能玻璃化的物质构成的地带，也就是通向塞米尔城附近的阿尔芒松河的那一边，而另一边则伸向索恩河和科奈的那条小河的源头。

在观察这些山峦附近的小山谷的时候，我们将会承认朗格勒的那个山峰由于是最高的山峰，它在洪水退下去之后，便首先露出了水面。在洪水退下去之前，这座最高峰与其他所有的山头一样被大海所淹没，它由钙质物质构成就足以证明这一点。但是，在它露出水面的时候，大海就无法再覆盖住它了，海水只能在它的两边拍击着它，因此，久而久之，就冲刷出那些小山谷和谷地，至今，山脉两边的河流和小溪都在它身旁流淌着。这些山谷和谷地是被水流不断地、有节奏地冲刷而成的证据在于，它们的每处凸角都与一些凹陷角相吻合。只不过人们观察到，由于河水是沿着最陡峭的山坡流下去的，而且起先只是冲刷开那些最不坚固、最容易分离的土壤，所以山谷两边的山坡往往出现极大的差别。人们有时候会看到，在山的一边是很大的陡坡和一些笔直的岩石干扰或加强的时候，这种情况就必然会出现。

如果我们沿着一条从其源头的山脉流下的，与山脉相邻的小河或小溪走的话，我们将很容易看清构成峡谷两边山坡的面貌以及它们的土质情况。在峡谷狭窄的地方，溪流的流向和弯角所指向的那一边，一看便知就是溪流的水流淌的那一边，因此也就知晓了地势应该平坦的那一边，而另一边则继续是山坡地。当峡谷广阔的时候，这种判断则难以做出，不过，我们可以通过观察溪流的方向比较准确地推测出哪一边地势开阔，或哪一边地势窄小。我们今天的溪流对地势的影响并不大，可从前它们可是对地势大有影响的，它们把我们所有的谷地冲深，一分为二，形成左右两岸，但是，它们在带走堆积的杂物的同时，往往一方面会形成陡坡，另一方面又会形成平地。我们还应该注意，在这些钙质山脉的山峰附近，特别是在朗格勒峰的顶端，谷地在开始处呈一个深深的环状，然后随着离其生成地越来越远而愈加宽阔。谷地在它开始的地方显得也很深，但随着谷地的加宽，离生成地愈远，它们的深度也就愈小。不过这只是一种表面现象，而不是实际情况，因为在其源头，最靠近山峰的峡谷的那个部分是最狭窄的也是最浅的，水流的运动开始在那儿形成一个逐渐加宽加深的小溪涧。杂物被水流冲着，裹挟到峡谷的下方，将谷地垫高，所以峡谷在其源头显得比其他的河段更深，而大峡谷离开源头远了之后，却并不显得比在被杂物垫高的其他河段更深，因为我们可以把一个大峡谷看作一根树干，它像树枝一样伸向其他的一些峡谷，而后者又像小树枝一样伸向其他的一些小峡谷，这些小峡谷一直延伸攀爬到它们最终通向的山峰。

如果我们随着在刚才所举的例子中的目标走下去，把所有将河水注入塞纳河的土地集中在一起的话，这一大片土地就将构成一个第一流的峡谷，也就是说构成一个范围又广又大的峡谷；如果我们只把河水全都注入约纳河的土地集中在一起的活，这片空间就是第二流的峡谷；我们继续向山脉的那个顶峰走去，那么将其河水全都注入阿尔芒松河、塞兰河和古尔河的土地便构成一些第三流的峡谷；而流入阿尔芒松河的布莱纳河流经的土地就将成为一个第四流的峡谷；而后者的源头与塞纳河的源头相邻，这就会构成一些第五流的峡谷。同样，如果我们把将其河水注入马恩河的土地连在一起，这片空间将成为一个第二流的峡谷；继续往朗格勒山脉的顶峰而去，并且只将其河水全都流入罗格农河的那些土地连在一起，就将构成一个第三流的峡谷。最后，将其河水全都流入布西埃尔河和奥尔格沃河的那片土地连在一起，就会形成一些第四流的峡谷。

在各大陆的陆地上，这种布局是普遍的。随着人们往上走，走近山脉的顶峰，就可以明显地看到峡谷全都更加地狭窄，然而，尽管它们显得更加深邃，但可以肯定的是，下方的峡谷原先的底部要大大地低于现在上方的峡谷的底部。我们曾经说过，在巴黎塞纳河的河谷里，人们曾发现一些人在七十五尺深的地方劳作过的树林；这个河谷的最早的那个谷底从前比现在要深得多，因为在这七十五尺以下的地方，人们还应该能够发现那些被河水冲刷而来的石质和土质的杂物；这水是通过塞纳河谷和马恩河、约纳河以及其他各条注入河谷的小河，从山脉的那个顶峰流下来的。相反，人们在与那山峰相邻的那些小河谷里挖掘时，却未发现任何的杂物，发现的是一些坚实的石灰石滩，以及一些黏土，存在于或深或浅的地方。我在朗格勒山脉的长长的山峦的顶峰附近的一个峡谷里，发现了一个深达二百尺的深井，是在石灰石中挖掘而成的，没有看到有什么黏土。

被最初的大火或者甚至是被海水冲刷而成的那些大峡谷的原始谷底是被水流逐渐冲刷土地表层而裹挟的全部杂物覆盖着的，而且越积越多、越积越高：这些土地的底部几乎光秃秃的了，而下方的峡谷的底部却将别处失去的所有物质全都积攒起来了。这么一来，当人们匆匆地看上一眼我们的各个大陆的表面的时候，便错误地将大陆表面分为沙土带、泥灰石带、片状带等，因为所有这些土壤带只是一些表面的杂物，它们说明不了什么问题，而只能像我说过的那样掩盖其实质，让我们错误地理解地球的真正的理论。在上方的谷地上，人们发现的只是海水退去很久之后，因雨水的作用，而带来的那些杂物，而这些杂物构成了小的土层，现在覆盖着这些谷地的底部和坡地。这同样的作用在那些大的峡谷中也产生了，不同的是，在小的谷地里，被雨水和河水冲刷下来的泥土、砂石以及其他的杂物立即积存在被海水冲刷光秃了的底部，而在大的峡谷中，被雨水河水冲刷而来的这些同样的杂物只能堆积在先前被冲刷来的厚厚的杂物层上。正因为如此，在所有的平原和大的峡谷中，我们的观察家们认为自己发现的大自然是毫无秩序、杂乱无章的，因为他们从中看到钙质物与能变为玻璃等的其他物质混杂在了一起。可是，难道仅凭石灰渣就想判断一座大楼，或者仅凭建筑材料的边角料就想判断其他所有的建筑吗？

我们就不再在这些小的错误看法上多说什么了，还是在我们所举出的那个例子中继续追寻我们的目标吧。

在朗格勒山顶峰下面形成的那三条大河现在已是默兹河、马恩河和万雅讷河的河谷。如果我们仔细研究这些土地，那我们就将观察到默兹河的水源部分地从巴西尼河的沼泽地以及其他一些又狭小又陡峭的小山谷里流出来。我们还将观察到芒斯河和万雅讷河这两条都是流入索恩河的河流也是从山峰另一边的很狭小的山谷中流出来的；而朗格勒山下的马恩河谷深达约一百托瓦兹[1]；在所有这些最早的小谷地中，山丘都是相邻且陡峭的；在下方的山谷中，随着河流逐渐远离共同的主峰，河床越来越宽，河谷也随之变得开阔，其两边并不十分陡峭，因为河水在这儿比在与山峰相邻的土地上的狭窄河谷里流淌更自如，不太急速。

我们还应该注意到，河流在其流程中流向是变化的，而坡度的倾斜也因同样的原因而发生改变。向南方流去并通过蒂尔河谷、韦奈尔河谷、樊热纳河谷、索隆河谷和芒斯河谷呈现给我们的那些河流，对朝向朗格勒峰的地方，特别是对其北边的冲击力更大。相反，向北流淌并通过奥荣河、苏伊兹河、马恩河和罗格农河以及默兹河的河谷的那些河流更加猛烈地拍击朝向朗格勒山峰及其南边的山坡。

因此，当大水退去，朗格勒山峰显露时，有一股海水其运动方向是向北的，而在朗格勒山峰的另一侧，有另一股海水，其流向是朝南而去的。这两股海水拍击着这条山脉的两侧，如同我们在今天的海上所见到的两股水流在冲击一座长岛的两侧或一个突出的岬角的两侧一样，因此，这些峡谷的陡峭山坡全都位于这个山峰的两侧就不足为奇了，因为显而易见，这是河水冲刷所导致的。

---

[1] 法国旧长度单位，相当于 1.949 米。

如果我们观察靠近朗格勒的马恩河的一个源头的话，就会发现它是从一个几乎是垂直切削的半圆圈中流出来的，而且在细细检查这种古罗马圆形剧场式的石头河床的时候，人们将会发现两边的河床和这个圈拱底部的河床是一个整块，水流在形成今天的这个半圆圈的部分时将这个整块给毁坏了。我们在马恩河的另外的两个源头也将看到同样的情景。在巴莱斯姆河谷和圣莫里斯河谷，所有的土地在向下延伸至海边之前都是连绵不断的，而朗格勒城位于其顶端的那种岬角在这同样的、连续的时间段里，不仅是与那些最早的土地，而且还同布勒沃纳、佩奈、诺瓦丹—勒罗歇等土地连在一起，那么，通过眼睛的观察就很容易相信这些土地的连续性只是由于河水的运动和作用而被破坏了的。

在这条朗格勒山脉上，我们发现了好些个独立的山丘，有一些山丘像蒙弗荣山一样呈截锥形，有的则像蒙巴尔和蒙特利尔的山一样呈椭圆形，还有一些山丘也非常著名，位于默兹河的源头，朝向克莱蒙和蒙蒂尼—勒鲁瓦，后者坐落在一个高地上，有一座狭长的半岛与大陆相连。在昂迪利也有一座这样的独立山丘，在厄伊利—科东附近也有一座。应该指出，这些独立的钙质山丘都没有它们周围的山高，而这些山丘都是现今从周围的山分离出来的，这是由于河水灌满了山谷的全部宽阔地面，直接从这些山丘上面通过，把这些山丘的山峰冲刷掉了的缘故，可是河水却只是浸没了山谷的坡地，只是斜向地冲刷它们而已，所以山谷周围的那些山就高于位于群山中间的这些独立的山丘。比如在蒙巴尔，古城堡的城垣位于其上的那座山丘，高度只有一百四十尺，而山谷南北两侧的那些山都超过三百五十尺。我们刚才所提到的其他的那些钙质山丘也是这种情况：所有独立的山丘全都没有其他山高，因为它们处于山谷中间的水流旁，它们的顶峰被河水冲刷掉了，而河水在中间比在两边的流速更加迅猛、更加急速。

人类出现后，发现并改造着大自然

    通过所有的这些观察考虑，我们可以推测，我们的北方地区，无论是海洋还是陆地，不仅曾经是最肥沃的地区，而且在这些地区，充满活力的大自然的力量得到了充分的发挥。为什么在这个北方地区大自然比在地球上其他地区的威力会大这么多，造就了那么多的庞大的动物和各种各样的植物呢？我们通过南美洲的例子就可以明白，在那儿的土地上，只存在着一些小型的动物，在南美海域里，只有海牛算是大的，但海牛与鲸鱼比较起来，就像是貘与大象相比较一样。我们通过这个明显的例子可以看出，大自然从未在南方的土地上创造出个头儿可以与北方的动物相比拟的动物，而且我们同样可以根据从遗留物所提供的例子看出，在我们欧洲大陆的南方土地上，最大的动物都是从北方来的，而如果说在南方的土地上也创造了一些这样的动物的话，那也只是一些低级的，其个头儿与力量远不及其原始的种属。我们甚至应该相信，尽管在新大陆造就了一些种属，但是在旧大陆的南方的土地上却没有造就任何一种种属，而以下就是这种推断的原因之所在。

    任何的动物，其生长繁衍等都必须有大量的活的有机分子的聚集与合力。这些激发所有有机体的分子被相继用来营养所有的生物，并促其繁衍后代。如果突然间这些生物中的大部分都不存在了，那我们就会看到一些新的种属，因为这些永不会被毁灭的、永远活跃着的有机分子会重新聚集起来，组成另外一些有机体，但是由于被现在存活着的生物的内模全部吸

172

收了，所以不可能造就新的种属，至少是不可能在大自然的第一大纲，比如大型动物纲中，造就出新种属来。因此，这些大型动物是从北方来到南方的土地上的；它们在南方生活、繁殖、扩大，因而吸收了活性分子，以致不可能留下可能会造就新种属的多余分子。相反，在北方的大型动物不可能闯入的南美大地上，活性有机分子没有被已经存在的任何动物内模吸收掉，它们将会聚集在一起，造就一些与其他种属毫不相像的种属，这些种属无论力量还是体型都远不及北方来的动物种属。

这两种种属，尽管在时期上存在差异，但是却是以同样的方法造就的。如果说第一种种属在各个方面都优于后一个种属的话，那是因为土地的肥沃，也就是说，活性有机物的数量在南方的气候条件下没有在北方的气候条件下那么多。我们在我们的假设中就可以找到个中原委，因为应进入有机生物组织的所有的水性的、油性的和延性的部分，在地球的北部地区比在南方地区，与水一起，掉落得要早得多，而且掉落的数量也要大得多。这是因为在这些水性的和延性的物质中，活性有机分子已经为塑造和培育有机体而开始动用其力量了。由于有机分子只是通过在延性物质上加热而产生的，因此，它们同样在北方比在南方的数量要多，所以第一种种属，大自然的最大最强的产品，便在北方生成了。而在赤道地区，尤其是在这类延性物质很少的南美洲地区，只产生出一些低级的，比北方地区的种属要小得多的一些种属。

至于人这一种属，它是否与动物种属是同时代的呢？一些重大的、确实的道理证实了人这一种属在时间上远远落后于其他的种属，但人确实是造物主最伟大、最新颖的杰作。人们将会对我说，相似性似乎显示人这一种属是沿着同一个进程的，它同其他种属的起始时间是相同的，它甚至在全球分布更加广泛。如果说它的出现时间晚于动物种属的话，那么并没有什么可以证明人至少没有承受大自然的相同规律，没有遭受退化变质甚至改变。我认为，人这一种属就其身体特点而言，与其他种属并无太大的区别，因而在这个方面，它的命运与其他种属的命运本会几近相同，但是，我们可以怀疑这是造物主对人的特殊恩惠，所以才使人与动物大不一样。难道我们没看到在人的身上物质是由精神支配的？因此人得以改变大自然；人找到了抵御气候变化无常的办法；当寒冷袭来时，人发明了以火取暖：火的发现与使用应归功于人的独有的聪明才智，火的发现使人变得比任何其他动物都更加有力、更加健壮，使人有能力向严寒挑战。另外的一些本领，也就是说，人的另外一些聪明才智使人有衣服穿，有武器用，很快人便成了大地的主人。这些本领使得人类有办法踏遍地球全部表面，能够适应所有的地方，因为只要稍加注意，人对各种各样的气候可以说都能够适应。所以，尽管大陆南方的动物在新大陆并没有，但有也只有人，也就是人这一种属在南美洲也同样地存在着，这就不奇怪了。人类自从深谙航海术，无论何处，都可以见到人类的踪迹：最荒凉贫瘠的土地，最遥远孤寂的岛屿，几乎都有人在生活。我们不能说这些人，比如马里亚纳群岛的人，或者奥塔伊蒂以及其他的那些位于大海中央，离陆地甚远的小岛的居民，就不属于人这一种属，因为他们同我们一样能够生育繁衍，而我们在他们身上发现的那些细小差异，只不过是气候与营养条件导致的一些细微变化而已。

　　"无论俄国人对此是怎么说的，反正他们说绕过亚洲北部尖端这一点是很令人怀疑的。"把通过哈得孙湾和巴芬湾到达西北部视作不可能的事的恩格尔先生[1]似乎却很相信人们将会通过西北部找到一条更短、更安全的通道，而且他为他的底气不足的理由找了格麦兰先生[2]说过的一段话。后者在谈到俄国人为了找到西北部的这条通道所作的尝试时说："人们进行这些探索的方法在当时是引起所有的人惊讶不已的主题。这唯一取决于女沙皇的伟大意志。"恩格尔说："如果不是指至今一直被视为不可能的那条通道实际上是可以通行的话，那会是什么让所有的人惊讶不已的呢？

---

[1]　德国哲学家、评论家和小说家（1741—1802）。

[2]　德国旅行家和博物学家（1709—1755）。

这可是唯一能让通过有意发表一些诋毁航海家的叙述以吓唬人的那些人感到惊讶的事。"

首先，我注意到必须非常相信这些事，然后才能将这种指责归咎于俄罗斯民族。再者，我觉得这种指责根据不足，而格麦兰先生的话很能够表明与恩格尔先生对这些事情的解释完全相反的意思，也就是说，当人们将获知在西北部根本就不存在一条可以通行的通道时，人们将会非常惊讶。让我坚定我这一观点的，除了我所给出的那些一般性的理由而外，就是俄国人只是重新试着从堪察加往上去进行探索，而根本不是从亚洲的尖端往下去探索。白令[1]船长和契里柯船长于1741年一直航行到美洲海岸59度的地方，但他俩谁都不是通过北海沿着亚洲海岸驶来的。这足以证明这条通道并不像恩格尔先生所猜测的那么易于通行。或者说，这证明了俄国人知道这条通道是不可通行的，要不然俄国人本会派遣他们的航海家从这条路走的，而不会让他们从堪察加出发，去发现美洲的西海岸。

被俄国女沙皇同格麦兰先生一起派往西伯利亚的穆勒先生[2]的看法与恩格尔先生的看法大相径庭。穆勒先生在比较了所有的叙述后，指出在亚洲和美洲之间只有一个很小的分隔，这个海峡呈现出一个或好几个岛屿，充作道路或两个大陆居民们的共同站点。我认为这个观点是很有根据的，而且穆勒先生收集了大量的事实以支持自己的观点。

对于那些对我们来说纯粹是流逝了的野蛮的世纪，我们能说些什么呢？它们被永远地掩埋在一种深沉的黑夜之中了，当时的人沉溺于严重的愚昧无知之中，他们可以说已不再是人了。因为粗野，是以放松社会联系开始的，接着导致对义务的忘却，野蛮最终将这些社会联系打断了。律条被藐视或者被废除，道德退化成残忍的习惯，人类之爱尽管刻印在圣书上，但在人们的心中已经被抹去，人最终缺少教育，没有道德，只得过着一种

---

[1]　丹麦航海家、探险家（1681—1741）。

[2]　祖籍德国的俄国旅行家、地理学家、历史学家（1705—1783）。

孤单而野蛮的生活，非但展现不出自己崇高的本性，反而展现出一种退化变质到猪狗不如的生物的本性了。

　　然而，失去科学之后，科学催生的有用的那些技艺却被保存了下来；随着人口的不断增多，不断稠密，土地的耕作变得更加重要；耕作所需要的所有的实践，建房造屋所需要的所有的技术，武器的制造，纺纱，织布等都在科学之后幸存了下来；技艺在人手相传，越来越精湛；技艺随着人口的增长而广为传播；古老的中华帝国首先崛起，几乎与之同时，在非洲，亚特兰蒂斯帝国也诞生了；亚洲大陆的那些帝国、埃及帝国、埃塞俄比亚帝国也相继地建立起来，最后，作为欧洲文明的存在的功臣的罗马帝国也建立了。人类的力量与大自然的力量相结合，并且扩展到地球的大部分地区至今只不过将近三千年的时间。在这之前，大地的宝藏被掩埋着，而人则将它们挖掘了出来。而大地的其他的那些宝藏埋藏得更深，但在人类的不断探测之中，已经变成了人类的劳动成果了。无论在什么地方，当人类明智地行事，遵从了大自然的教导，学习大自然的榜样，运用大自然的方法，在大自然的无尽的宝藏之中选取所有能为人所用，能让人喜欢的东西。人类凭借自己的聪明才智，驯化了动物，使之俯首帖耳地永远服从人的意志；人类凭借自己的劳动，疏浚了沼泽、控制了江河、消除了急流险滩、开发了森林、耕种了荒地；人类凭借自己的思考，计算出时间、测量了空间、了解测绘出天体的运行、比较了天体与地球、扩展了宇宙，而且造物主也受到了应有的尊崇；人类凭借源自科学的技术，横穿了大海、跨越了高山，使各国人民靠近了，一个新大陆被发现了，成千上万的其他孤立的陆地被人类占据了，总之，今天地球的整个面貌都打上了人类力量的印记，尽管人类的力量不如大自然的力量，但它往往表现得比大自然的力量更加强大，至少它神奇地助了大自然一臂之力，所以说大自然是在人类的力量的协助之下得到全面的发展的，才会出现我们今天所见到的，它所达到的臻于完美的程度。

我们不妨拿原始状态的大自然与经过人类改造的大自然作一比较，我们不妨拿生活在美洲的人数稀少的野蛮民族与我们的人数众多的文明化了的民族作一比较，我们不妨拿那些半野蛮状态的非洲人作一比较，同时我们再看看这些民族所生活的土地的状况，我们就很容易地做出判断：这些人的价值微乎其微，因为他们的双手在他们的土地上留下的印记少得可怜，这或者是因为他们的愚昧或者是他们的懒惰所致。这些过着半野生状态生活的人，这些无论大小但都是不文明的民族，只能给地球增加负担而不能为地球缓解压力，只能使土地变得贫瘠而不是肥沃，他们只知道索取而不知道创造，只知道破坏而不知道建设。然而，最让我们鄙夷不屑的并不是那些野蛮人，而是仅仅有这么点文明的民族，他们一贯都是人性的真正的祸害，但我们的文明民族直至今日都无法制止住他们。正如我们所说的，他们践踏了最初的乐土，他们损坏了这片乐土上的幸福秧苗，破坏了科学的成果。自野蛮民族的第一次入侵之后，接踵而至的又有多少的侵略啊！在这片从前人类幸福之乡的北方乐土上，纷至沓来的是一场场的大灾难。人们无数次地看到那些人面兽心的野蛮民族从北方袭来，侵扰南方大地！只要看一眼各个民族的历史，就可以看到战火连绵长达两千年，而和平和休养生息的日子少得可怜。

　　大自然为了创造其伟大的著作，为了使地球温度变得温和，为了使地表平整，达到安定的状态耗费了六万年的时间，那么人类还需要多长的时间才能达到和平安宁的状态，不再彼此骚扰、争斗和相互残杀呢？他们何时才能明白安心地享有自己的土地就足以让他们幸福了？他们何时才能变得较为明智，抑制自己的奢求，放弃异想天开的统治欲念，放弃占领远方领土等有百害而无一利的侵略野心？西班牙帝国在欧洲的领土面积与法兰西帝国一样大，但其在非洲的殖民地的土地却比法国的要大十倍，难道它就比法国的力量大上十倍不成？这个狂妄的大国的穷兵黩武，远征他国难道就比它尽量开发本国资源要更强大吗？英国人这个极有思想、极其明智的民族不也是因为在大量地侵占殖民地而犯下同样的错误吗？我倒是觉得古人对殖民的观念要明智得多，他们只是在人口过剩的情况之下，在土地与商业不能满足他们的需要的情况之下，才计划移民的。人们惊恐万状地看待的蛮族的入侵，实际上是由于其活动局限于贫瘠、寒冷和光秃的土地上而导致，而在他们的周边又都是一些富饶、肥沃的土地，生长着蛮族人所缺少的一切资源。但是，连年征战，付出了极大的生命代价，不幸和伤亡接连不断，元气大伤！

我们不必再去赘述这种充满着死亡和杀戮的悲惨场景了，它们全都是因为愚昧无知而导致的，但愿各个文明民族现存的并不完美的均衡保持下去，并且随着人们逐渐更好地感觉到他们的真正的利益之所在，随着人们认识到了和平和安宁的价值，随着人们将和平与安宁变为他们的唯一目标，随着君主们不屑于征服者的那种虚假的荣耀，并且蔑视那些为了自己的一点虚荣心而怂恿君主们好大喜功的人，那么各大国之间的均衡会更加恒久。

我将很容易地举出其他好些例子以证明人是能够改变他所居住的地方的气候的。于格·威廉森先生说："住在宾夕法尼亚及其附近移民区的人发现，四五十年以来，他们那儿的气候发生了很大的变化，冬天不像以前那么寒冷了。

"宾夕法尼亚的气温与欧洲同一纬度下的那些地区的气温是不同的。为了判断一个地区的气温，不仅必须考虑到它的纬度，而且还应考虑它的位置和一直在那儿占据主要位置的风向，因为气候有所改变的话，风向也会改变的。一个地区的面貌是可以完全被耕作改变的。我们在研究风向的时候，将会相信风同样会朝着新的方向刮的。

"自从我们的殖民地建立起来之后，"于格·威廉森先生继续说道，"我们不仅能够给已经有人居住的地方以更多的热量，而且还能部分地改变风向。特别关心风向的水手们曾经对我们说，从前，他们为了到达我们的海岸得要花上四五个星期，而今天，他们只需要一半的时间就可抵达我们的海岸了。人们还认为，自从我们在宾夕法尼亚安家落户之后，寒冷没有以前那么厉害了，雪也没有以前那么大了。

"还有其他的好多原因可以增加和降低气温的，但是人们无法向我引证哪怕一个气候改变的例子，以证明它是与当地的垦荒无关的。

"因此我们可以合情合理地得出结论，再过上几年，当我们的下一代去开垦这个地方的偏远地区的时候，他们将不会为大雪和冰冻所困扰，他们的冬季将是极其暖和的。"

于格·威廉森先生的这些观点是非常正确的，而且我毫不怀疑我们的后代将会凭借自己的亲身体验证明这些观点的正确性。

在动物界，大部分看似属于个体的品质其实是像动物的总的特性一样是遗传和延续的。因此，人类影响动物的本性要比影响植物的本性容易得多。每个动物种属中的亚种只是通过代代遗传而永远延续的不断的变种而已，而不是像在植物的种属中那样根本就没有什么亚种，没有什么通过繁殖而产生的不断的变种的问题。人们最近在鸡类和鸽类中大量地培育了一些新的亚种，它们全都能够自己繁殖。人们对其他的一些禽类通过杂交以培育和提高其亚种。人们还不时地对外来的品种或野生的品种加以驯化培育。所有这些现代的、最近的例子都在证明，人类直到很晚很晚了解自己的力量之广大，也证明了人类对自己的力量还没有充分了解。人类的力量完全取决于如何运用其聪明才智。因此，人类对大自然观察得越多，就越能驯服大自然，就越有办法驾驭大自然，越有能力从大自然的怀抱之中掘取新的财富，而又不致削减大自然的丰富蕴藏。

如果人类的意志始终由其智慧所引导的话，那么对于人类自己而言，我是想说对其自己的种属而言，又有什么事情是办不到的呢？谁能知晓人类无论是在精神方面还是在肉体方面究竟能将自己的品质完善到什么地步？有哪一个国家能够自我吹嘘自己已经达到让所有的人不是绝对地平等，而是不同程度地少些不幸那样的完美的政府的地步了？这样的政府关注于人的生命，让人们少流血流汗，追求的是和平、富裕、幸福的时光：这是任何一个追求改善的社会的精神方面的目标。至于肉体方面，医学和其他各种以维护人们生命为目的的技艺，是不是与因战争而产生的毁灭性的技艺得到了同样的发展、同样的认知了呢？人类自古至今似乎很少考虑善事而更多地考虑作恶。任何一个社会都是善与恶交织在一起的；正如在一切感染人们的所有情感之中，恐惧是最强有力的，因此在作恶的手段上是最具聪明才智者率先打击别人的思想，然后，这些将人们玩于股掌之中的智者们才考虑占有人心，只是在虚幻的荣光和无意义的欢愉这两种方法用得太多太久之后，人们才认识到真正的荣光是科学，真正的幸福是和平。

伊壁鸠鲁派之死（1777 年至 1778 年）

在这之前，我只是为了那种真正的智者，那种以理性为重的人在说理、在思考。但是，还有那么多被虚幻或激情所欺骗的人，他们往往很容易地就被蒙骗了，我们是不是也该多少关注一点他们呢？甚至有些在一直介绍事物的真相的人不是也迷失了吗？希望，不管它的可能性有多小，但是对所有的人来说，它难道不是一件好事吗？而且，不是对不幸之人的唯一的好事吗？在替智者考虑过之后，让我们也来为那些往往善用其谬误，不运用其理智的人考虑考虑，因为这种人为数不少。除了那些因无任何办法，希望之光是一种无上的好事的情况之外，除了那些激荡的心只能以其幻想的目标来平息并享受其欢愉的情况之外，难道就没有成百上千的机会让智慧本身去创造一大堆的希望吗？比如被执掌政权的那些人所承认的做善事的意志，难道是不用加以训练就自然生成的吗？这种意志在全体百姓身上传送着无法计数的幸福。希望即使落空，那它也是一种真正的好事，它早在其他一切好事之前便让人感受到了。我不得不承认，完全的智慧并不能带给人完全的幸福；不幸的是，光靠理性总是只会遇到少数的漠然的听众，从来就造就不了热情的听众；拥有各种财富的人如果不希望获得新的财富，就还是幸福不了；寻求多余的东西逐渐地会变成非常必需的事情；在这一点上，智者与愚者的区别在于后者一旦有了大量的财富，他就会将这美好的多余物转化为必然的忧愁，他考虑问题时就已经站到他的新财富的高度上去了。相反，智者在广行善事，为自己寻找某些新的快乐的时候，会节省对这个多余物的消费，从而增加了欢愉。

我重复地说一遍，我是十分遗憾地抛开这些有趣的物件，这些古老的大自然的宝贵的遗留物，因为我已垂垂老矣，没有时间较为充分地研究它们，以便从中得出我隐约看到的那些结论，不过，这些结论只是建立在一些估计上的，所以在这部我规定自己只提以事实为依据的著作中是不应该有它们的位置的。在我之后，其他人将会继续探索，他们会花费必要的时间去寻找大量的贝壳、石珊瑚以及贝类和珊瑚不断地提供的石化体，以澄清海水退去，水量减少的那段时间的真情实况。他们将权衡这个其自身热量在不停地散发，但又吸收有机体的杂物中存在的所有热量作为补偿的地球的失与得。他们将因此而得出结论说，如果地球的热力始终保持不变，而动物和植物的繁衍一直保持其巨大的数量，而且繁衍得又极其迅速的话，火元素的数量就会不断地增加。最后，地球非但不会因严寒和冰雪而消亡，反而会因大火而毁灭。他们将会比较需要多少时间才能让动植物的可燃性杂物在地球早期聚集起来，达到维持火山火燃烧数百年的程度。他们将用这个时间同后一段必需的时间进行比较，在这后一段时间里，由于有机体在扩大，最早的那些地层完全是由可燃性物质构成的，因此从这时起，就可能产生一种新的普遍的大火，或者至少产生许多新的火山。但是他们同时也将看到，地球的热力在不断地减少，但这个结果根本不用担心，水的减少加上有机体的大增，完全可以把地球被冰冻全部封住，让大自然因严寒而死亡的时间推迟数千年。

拜访布封

——蒙巴尔之行

埃罗·德·塞歇尔

　　1785 年 9 月，年轻的贵族埃罗·德·塞歇尔拜访了当时最杰出的智者、最伟大的作家——布封。这次见面促成了这篇精彩的游记《蒙巴尔之行》，在文中埃罗幽默地描述了布封在居所的生活和两人之间的对话，既揭示了布封在科学和文学领域的超人天赋，又坦言其弱点和缺陷。全文读起来畅快淋漓，我们在此只选择有关《自然史》的作者的个性、社会生活、兴趣和思想的片段，供读者欣赏。

　　我渴望着结识布封先生。得知我有这一愿望，他主动地给我写了一封十分诚挚的信，表明他也急切盼望着与我相见，并且邀请我去他的城堡小住，想住多久就住多久。

　　大家以后会看到的，我在这儿提到我回复他的那封信是适时的。信的结尾是如下的这段话："伯爵先生，无论我有多么急切地想见到您，听您的教诲，但我必须尊重您的时间安排，因为我要占用您一天的大部分时间。我知道，您已经功成名就，但仍笔耕不辍；大自然的天才随着日出登上蒙巴尔城的塔楼，而往往得到天黑才从上面下来。只是在这一时刻我斗胆地请求您赐予我聆听与受教的荣幸。我将把这段时间视作我一生中最光荣灿烂的时间，如果您能给了我一点友情的话，如果大自然的诠释者有时肯把他的思想与社会未来的诠释者沟通的话。"

……当我在老远的地方就看到了蒙巴尔城的塔楼、阶地以及它周围的花园时，我高兴得心怦怦直跳！我观察了一番地形，欣赏着那座塔耸立其上的山丘，俯视着它的群山和丘陵，及罩在它上方的天穹。我忙不迭地寻找那座城堡。我恨不得多长几只眼睛，好看清楚我将前去拜访的那位鼎鼎大名的人的住所。您只有走到跟前才能发现那座城堡；您看到之后，会以为走进的并非一座城堡，而是巴黎的一幢不起眼的房屋。布封先生的屋子没有什么特殊的地方，它就位于蒙巴尔城的一条街上，而该城又是一座小城，但屋子的外观却非常漂亮。

……他张开双臂，威严地向我迎来。我紧张得口齿不清，尊称了他一声"伯爵先生"，因为这是不可缺少的礼节。有人事先告诉我，他并不讨厌用这种方式向他问候。他拥抱住我，回答我说："我应该把您看作一位老友新朋，因为您急切地想见到我，而我也盼望认识您。我俩互相寻觅已经有一段时间了。"

我看到了一位矍铄的老人，高贵而平静。他已年近八旬（七十八），但看上去只有六十来岁，更奇特的是，他刚度过了十六个没有合眼的夜晚，而且现仍忍受着闻所未闻的病痛，但是，他却精神抖擞。有人言之凿凿地对我说，这就是他的性格；他一辈子都在竭力地显示他战胜疾患的力量。他心境平和，从不急躁。我觉得雕刻家乌尔替他雕刻的半身像栩栩如生，不过，乌尔没能雕刻出罩在他的鹤发下两只黑眼睛上的黑眉毛来。我见到他的时候，他正在生病，但是仍烫了头发；那是他的癖好之一，他喜欢这样。他每天都让人替他用卷发纸卷发，而且不是一天一次而是两次，至少以前是这样，早晨卷了发之后，往往晚饭之前还要卷一次。他卷了五条波浪形的小花卷，在后面扎上，垂在背部中间。他有一件黄色的晨衣，有白色条纹，还点缀着蓝色的花，他让我坐下，跟我谈他的状况，并且赞扬我面对公众对我的口才和口头演讲方面的苛求持有的宽容态度。而我则对他谈他的功成名就，而且边说边观察着他的面部轮廓。当我们聊到人在年纪轻轻时能够了解到自己是什么状态的幸福时，他立即向我引述了他在一本著作中有关这一主题的两段文字。他叙述的方法极其地简单通俗，是一位纯朴老人的声调，毫不矫揉造作，时而抬起一只手，时而又抬起另一只手，说话时仿佛一件件事情信手拈来，顶多有时稍加考虑。对他这么大年纪的人来说，他的声音是很洪亮的。他极其随和。一般来说，他说话时，眼睛不盯着任何东西，目光随意地游移着，这或许是因为他视力很差，或许是他习惯使然。他的口头禅是"这个呀"和"当然呀"，总也不离口；他的谈话好像没有任何突出的地方，但是当你仔细去听的时候，你就会发现他说得非常好，甚至有些东西表达得非常清楚明白，而且你还会发现，他在说话中会掺杂一些有趣的看法。他性格中的最大特点之一，就是他的虚荣心；他特别地爱慕虚荣，但是那是一种坦率的虚荣心，而且是真诚的。

……他的榜样以及他的谈话让我坚信，但凡孜孜不倦地追求荣耀的人，最终都会获得它，或至少是极其接近它。但是，必须持之以恒，而非一朝一夕；必须每天每日都在想着得到它。我听说有一个人，是个法兰西元帅和大将军，他每天早上都在自己的房间里散步一刻钟，并利用这一刻钟的时间对自己说："我要成为法兰西元帅和大将军。"就这一主题，布封先生说了一句非常震撼的话，那是能够造就一位伟人的话中的一句："所谓'天才'，只不过是一种拥有耐性的天资而已。"确实，拥有这种优点就够了；有了这种优点，你就能长久地观察事物，你就能深入到事物中去。这就印证了牛顿的那句话。有人问他："您怎么有那么多的发现？"他叫答说："始终在探索，耐心地探索，"请注意，"耐心"一词应该贯穿在一切事情之中：耐心地去寻求自己的目标，耐心地去抗御所有偏离自己的目标的一切，耐心地去忍受让一个普通人沮丧的一切。

我将以布封先生本人作为榜样。他年轻时，有时候凌晨两点才从巴黎返回；但是，清晨五点，一个萨瓦仆人便跑来摇醒他，让他起床，因为他对仆人下过命令，即使受到他的斥责，也非要将他弄醒不可。他还告诉我说，他一直要工作到傍晚六点。他说："我当年有一个小情人，嗯，很不错的！但我总是克制自己，耐心地等到晚上六点钟的钟声敲响之后才去见她，可是常常凶去得太晚而见不到她。"

……九点钟时，仆人将他的早餐送到他的工作室里来，有时候，他边穿衣服边吃早餐。早餐是两杯葡萄酒和一块面包；然后，他开始工作，一直到午后一两点钟。这时，他便回到家里吃午饭，他喜欢慢慢地享用。只有午餐时，他才休息一下自己的脑子，放松一下神经。这时候，他脑子里闪过任何的快活事儿，任何的疯狂事儿，他都会去干的。他最大的乐趣就是说一些非常粗俗的话，但又非常有趣，可他说的时候始终冷静坦然，不动声色。他的欢笑、他的年岁与他天生的那种严肃和庄重形成了强烈的反差，而他的那些玩笑话往往极其出格，弄得女人们不得不逃之夭夭。一般来说，布封的谈话是非常漫不经心的。有人向他指出这一点，但是他回答说这是他休息的时刻，所以说话时不太刻意也就无关紧要了。但是，一旦让他谈起文章的风格，或者谈起《自然史》来，那他说的都是精辟的语言了。当他说到他自己时，那就更加有趣了：他往往对自己赞不绝口。对于我这个亲耳聆听过他的高谈阔论的人来说，我可以向大家保证，我听了毫不感到讨厌，反而觉得很开心。那绝不是因为他高傲、他虚荣。你听到的是他的良知：他感觉到了，并身体力行。我们有时必须认同确实存在一些弥足珍贵的伟人。但凡感觉不到自己力量的人，不可能是强人。我们不能要求一些高级人物必须谦虚，否则会显得虚伪。也许有人更有智慧，更加巧妙地在遮掩，但也有更多优秀的人要表现出自己的高傲与虚荣来。

……二十岁时，他发现了牛顿的二项式定理，但当时他并不知道那是牛顿发现的，而且他对这个不起眼的人没有任何印象；我很高兴得知个中原委。他回答我说："因为对此，谁都不必非相信我不可。"在他的虚荣心与其他人的虚荣心之间存在着一种差异，即他的虚荣心在于去验证事物，如果可以这么说的话。这种差异源自他的心理素质，源自他的正直的心灵，他的这种心灵要求处处都要真诚，要摒弃轻率。

在谈及卢梭时，他跟我说："我以前一直比较喜欢他，但是，当我读了他的《忏悔录》之后，我就不再瞧得起他了。他的心让我反感，我甚至觉得让—雅克跟平时有天壤之别；在他去世之后，我开始蔑视他了。"我觉得这种评价太严苛了，我甚至会说这种评价有失公允，因为说实在的，让—雅克的《忏悔录》并没有给我造成这种印象。不过，这也许是因为布封先生的心中没有人们应该如何评判卢梭的那种要素。我认为大自然可能没有赋予他那种必要的同情心，去了解那种流浪的生活，那种随遇而安的生存情调或者说刺激性。这种也许存在于布封心灵中的严苛性或者说这种缺点，从另一个角度去看，也揭示了他的心灵之美，甚至心灵之单纯。因此，他自然就容易出错，无论他把自己的事情安排得如何井井有条，我们刚刚已经有了这方面的佐证。

一年前，他的铸铁厂的厂长让他损失了十二万利弗尔。三年来，布封先生一直答应不要厂长偿还，而且完全接受了欺骗所披挂着的种种借口和托词。幸好，这件大事丝毫没有损害他的平静，毫不影响他的开销和心理状态。他对他儿子说："我只不过是为了你而生气；我一直想替你买一片地，而这样一来，只好往后拖一拖了。"每年，他都有一笔收入。有人认为他的年金达到五万埃居，大概他的铸铁厂给他带来了丰厚的利润。每年产铁量达到八十万，不过，铸铁厂的支出也相当可观。他投进去的钱达到十万埃居。今天，他的铸铁厂因为他与厂长之间的官司而很不景气了；但是，只要还在开工，就仍有四百名工人在厂子里干活儿。

布封先生的心灵是那么纯朴，别人说什么他都相信，这并不令人感到惊讶，更何况他还喜欢听别人的汇报和说辞。这个伟大的人有时还喜欢嚼舌，每天起码都要说上一个小时。他在梳洗打扮的时候，就让他的假发师和他的仆人们向他叙述在蒙巴尔城所发生的一切以及他家中发生的所有的事情。尽管他总在思考高深的问题，但没有谁比他更了解身边所发生的一切。这也许是他喜欢女人，或者更确切地说，喜欢小姑娘的原因。他喜欢听流言蜚语，而在一个小地方，知道这些流言蜚语就几乎得知了整体情况。

这种偏好小姑娘的习惯，或者说怕受女人掌控的心态，使得他完全信任了蒙巴尔的一个村姑，让她当了女管家，最后，她还是掌控了他。这个村姑名叫布莱索小姐：一位四十岁的老姑娘，很丰腴，颇有姿色。她在布封先生身边待了有近二十年了。她照顾他十分周到。她参与家庭的管理。由于这种情况，她遭到了别人的憎恨。布封夫人多年前便去世了，她生前也不喜欢这个姑娘。她崇敬自己的丈夫，所以大家都在说她因此而极其嫉妒这位布莱索小姐。不过，掌控着我们这位伟人的并非只有布莱索小姐一人。

掌控着这一"王国"的还有一位古怪之人，他是嘉布遣会修上，人称伊尼亚斯神父。我想对这位神父多啰唆几句：他全名为伊尼亚斯·布戈，第戎人士，此人在其修会中手段高明，颇有能耐，能让人主动捐赠，以致捐赠的人似乎觉得应该捐赠给他。伊尼亚斯神父常常会说："你们别老想着向我捐赠呀。"他凭着这份才能，竟然把塞米尔的嘉布遣会修院重建起来。其实，教会的人通常都具有这方面的才能。

……如果你想对他这个人的样子有一个概念的话，那您就想象一下一个脑袋圆乎乎的胖胖的人，很像意大利喜剧中的丑角模样，而且我觉得这一比喻十分贴切，因为他讲话的腔调很像卡兰：同样的口音，同样的巧舌如簧。布封先生把他大部分的信任都倾注在离蒙巴尔城两法里的布封村中那位德高望重的神父身上，甚至将自己的良心都托付给了他，如果良心也可以托付给别人的话。

……这个嘉布遣修会的修士也是布封的忏悔师。他告诉我说，三十年前，《自然史》的作者得知他将在蒙巴尔城做封斋布道，便在复活节时让他前来，在自己的实验室里让他替自己做忏悔；而实验室正是他研究唯物论的地方，也是几年之后，让一雅克前来毕恭毕敬地表示崇高敬意的地方。伊尼亚斯向我叙述道，布封先生见卢梭在亲吻他的门槛时，避开了一会儿。他还补充说，这是"人性的弱点使然"，而且他想让他的仆人在他之前做忏悔。我刚才所说的也许会让大家惊讶不已。是的！布封在蒙巴尔城时，每年的复活节，都要在他的庄园小教堂里领圣体。每个礼拜天，他都要去做大弥撒，其间他有时会走出去，在附近的那些花园里散散步，回来时对那些有趣的地方津津乐道。每个星期天，他都要施舍给不同的女募捐者一个路易等值的钱物。

……我从布封先生的身上看到他以尊崇宗教为准则，而百姓们应该信奉一种宗教。在小城市里，所有的人都在观察你，你绝不可得罪任何人。他对我说："我深信，您在自己的演讲中，会十分小心，别在这个方面提出任何可能引人注意的观点。我在我的书里始终是注意这方面的问题的。我的书总是相继出版，使一般人无法抓住我的思想脉络。我总是强调造物主，但是又必须去掉这个词，顺理成章地用大自然的力量来取代这个词，而大自然的力量则是两大规律：引力和冲力。当索邦神学院找我的碴儿时，我毫无抵触地去满足他们所想要的一切：这只是一种讽刺，但是人总是挺蠢的，竟然满足于此。因为同样的理由，当将来病得很厉害，感到濒临死亡时，我便会毫不犹豫地派人去找人来做圣事。大家都得做祭礼，不这么做的人都是疯子。绝对不可像伏尔泰、狄德罗、埃尔韦絮斯那样正面对抗。埃尔韦絮斯是我的朋友，他分几次在蒙巴尔城过了四年多；我一直在劝他应该缓和一些，如果他听从了我的建议的话，本会活得更幸福一些。"

大家的确可以判断一下这一方法是否让布封先生获得了成功。很明显，他的著作展示了唯物主义，然而，他的这些著作又全都是在皇家印刷厂里付梓的。

他补充说道："我的头几部著作与《论法的精神》是同时发表的：孟德斯鸠先生和我，我们被索邦神学院折腾得痛苦不堪；此外，我们还遭到了评论界的疯狂抨击。院长非常气愤，他问我说：'您将如何作答？'我回答他说：'我没什么好回答的，院长大人。'可他竟无法理解我为何如此地镇定自若。"

……我到蒙巴尔城的头一个星期，《自然史》的作者前一天晚上与他儿子进行了一次长谈，我知道这是为了让我答应第二天前去做弥撒。当他儿子跟我谈起这事时，我便回答他说，我很愿意去做弥撒，而且我还说，为了让我决心去参加一个世俗活动没必要这么大费周章。我的回答让布封先生十分高兴。当我做完大弥撒回来时（他因结石痛苦不堪而没能去参加），他竟然对我忍受了三刻钟的厌烦千恩万谢；他又向我重复了一遍，在像蒙巴尔这样的小城里，弥撒是必须做的。

……与布封在一起的一天结束了。他吃完午饭之后，并不同住在他家里的那些人或者前来拜访他的外来人吻别。他要回到自己的房间去睡上半个钟头，然后去散一会儿步（始终是独自一人），五点钟时，回到他的工作室继续他的研究工作，直到七点。这时，他回到客厅，让人读他的著作，他边听边阐释，边赞美，还喜欢修改别人拿给他看并征求他的意见的作品，这就是他五十年间的生活。他常对某个对其名望颇为惊叹的人说："我在我的工作室里度过了五十年。"晚上九点，他便去睡了，从不吃晚饭，直到我前来蒙巴尔城时，这位不知疲倦的作家仍然过着这种辛劳的工作，而他当时已经是七十八岁高龄了。不过，因为结石之苦，他常常不得不中断自己的工作。在这个时候，他就一个人关在自己的房间里，不时地走动走动，不见家中的任何人，连他妹妹也不见，而且每天只允许他儿子见他一分钟。我是唯一的一位他愿意留我在他身边的人。我觉得他在病魔找上门来时仍然是那么俊美，那么平静，甚至还烫了头发，打扮打扮自己。他稍稍地抱怨了一下自己的病痛，他想要用最有力的推理来证明病痛影响了他的思维。由于病痛的持续不断，以及内急频频，他常常请求我回避一刻钟，然后才让人去把我叫回来。渐渐地，一刻钟的间隔延长到了一个钟头。这位善良的老人温情地向我坦露了他的心怀，时而，他会让我朗读一下他创作的最后一部作品，名为"论磁铁"，他边听我念，边在心里重新考虑自己的所有想法，并赋予它们新的阐述，或者改变顺序，或者删去某些多余的细枝末节；时而，他让人去拿一本他的著作，让我念那些文笔很美的片断，比如他对意识的历史的叙述，对亚当的论述，或者在《骆驼篇》中对阿拉伯大沙漠的描绘，再或者在《黑颈叫鸭篇》中他认为更加优美的描述；时而，他向我阐释有关世界的形成、生物的繁殖、内心世界等他自己的体系；时而，他跟我大段大段地背诵他的作品，因为他对自己所写的东西熟记在心，这有力地证明了他的记忆力超群，或者说他写作时极其细心。他对别人提出的所有不同意见都注意听取，称赞不已，对认同的，则采纳之。他还有一个很不错的判断自己的作品是否会成功的方法，即时不时地让人念给他听他的手稿；如果，尽管手稿有许多涂涂改改的地方，读的人仍然能不停地读下去的话，那他就认为这部作品各个部分转承启合得很好。他把文笔的主要注意力放在思想的精确性和连贯性上，然而，如同他在法兰西学院接纳他为院士的精彩的演讲词中所推荐的那样，他尽力地用最普通的术语去命名事物，随后才是绝不能忽视的协调性，但是，这种协调性应该是文笔最后关注的一点。

……然后我便问布封先生成长的最佳方法是什么？他回答我说应该读那些主要的著作，但是必须读各种类别和各门科学的著作，因为正如西塞罗所说，它们之间是有着亲密关系的，因为一种观点与另一种是相互交融的，尽管我们并不能运用它们全部。这样的话，对一位法学家而言，了解军事艺术及其主要的作战方法也不会是没有用处的。《自然史》的作者对我说："我就是这么做的。"其实，如果我没弄错的话，孔迪亚克神父，在他的教育课程的第四卷的开头说得非常之好：只有唯一的一种科学，那就是自然科学。说实在的，我用不着引证孔迪亚克神甫的话，因为布封先生也持有同样的看法，他以前因为跟这位神父进行过论战，所以他并不喜欢他。但是，他认为：我们所进行的各种分门别类是武断的，数学本身也是通向同样目的的艺术，亦即适应于大自然的艺术和使人了解大自然的艺术，这并不是毫无道理地在吓唬我们。在每一个门类中的主要的书籍十分罕见，总共也许只有五十来本，足够我们好好地研读了。

……然后，他满怀激情地跟我谈起学习的问题，谈起学习能保障幸福的问题。他跟我说道，他一直置身于社会之外，他经常要找一些专家，相信自己能从与他们的交谈之中大获其益；他曾发现为了有用的一句话，没有必要花费一整个晚上，他从交谈中就能获取。对他来说，写作是一种需要，他希望在自己还能活的三四年间仍然继续写下去，他并不害怕死亡，一种青史留名的想法在抚慰着他；如果他能够从人们认为他的工作是一种牺牲中得到一些补偿的话，那他可能已经从欧洲人对他的崇敬以及主要国家的君王们的赞扬的信件中大大地获得了。这时，老人打开一个抽屉，拿出亨利亲王的一封精美的信，后者曾来蒙巴尔城待了一天。亨利亲王知道他午饭后有习惯睡上一觉，便顺从了他的生活习惯。他给老人送来了一套瓷餐具，上面的画是他亲自绘的，画的是一些天鹅，姿态万千，栩栩如生。是为了感谢他路过此地时布封先生给他念了《天鹅的故事》，以资留念。最后，亨利亲王在给他写的信中，有下面几句著名的话：如果我需要一个朋友的话，那就是他；如果我需要一个父亲的话，还是他；如果我需要一个聪明的人为我释疑解惑的话，啊！除了他还能是谁呀！

然后，布封先生又向我展示了几封俄国女皇的亲笔信，才情横溢，这位伟大的女人在她的信中以她最感人的方法对布封先生大加赞扬，因为很明显，她读过他的著作，并且以学者的身份解读他的著作。她对他说道："牛顿迈出了第一步，您迈出了第二步。"确实，牛顿发现了万有引力，而布封则发现了冲力，这两种力结合在一起，似乎就可以解释大自然的全部。俄国女皇还说道："在人这一主题上，您还有很多东西要写。"她这么说是在影射生殖体系的问题，听到女皇的这番话，布封高兴极了，比科学院对他的颂扬更让他心花怒放。他还让我看了俄国女皇就大自然的时代问题向他提出的一些十分棘手的问题；他还把回答告诉了我。在一位女皇与一位天才的高级通信中，天才表现出一种真正的强大来，我感到非常激动，觉着自己的心灵也崇高了。荣耀似乎在我的眼中拟人化了，我感到自己摸着它了，抓住它了，君主们在一位真正的伟人面前的移樽就教打动了我的心灵，这比君主们在自己的王国内给予的荣誉更崇高。

……我准备写一本有关立法权的著作，我拟了一个提纲，征求了布封先生的意见，这本书完全有可能要占用一生的大部分时间，甚至也许是整个一生。但是，一个法官可能留下的丰碑能比这更壮美吗？我们对此讨论了很长时间。这可能需要对人及各种法律作一个全面的回顾，需要对它们加以比较。判断，然后建立起一个新的架构来。他赞同我的看法，并鼓励我；他对我的提纲进行了补充，并确定了写作方法。他说服我，因为这是提纲，他让我抓住事物的关键，不过得很好地展示，不要写得太长，应将它压缩为一部四卷的著作，或者顶多变成两卷本；并要我分成四部分来写：一、普遍的道德，它应该存在于各个时代和所有的地方；二、普遍的立法权，将世界上存在的所有的法律的精神都考虑到。我对他说，那就得写一本按照所有可能出现的情况来修订一部法律的方法的大部头了，而人的理性必须在其中起到作用，于是他便告诉我说那应该放在我的著作的第三部分去写；三、他想将一种改革引入全球的各种法律中去；四、他说要写一个漂亮的结尾，它将是论述必要性与各种形式的一个大章节。通过这种方法，就能将可能牵涉到的立法权的所有可能的目标都囊括进去。这一提纲，尽管在细节上颇为繁复，但我觉得很不错，所以我便提出照此执行。我知道这会让我付出多大的代价，但是，当你每天开始写作时，一个宏大的计划和一个宏伟的目标会给人在心灵上留下幸福感的？我看得出来，布封先生没有向我掩饰我将比别人花费更大的力气，因为我除了写作之外，还得完成自己的本职工作，而后者是让人喘不过气来的，但是，连续不断地去完成这样的一种研究难道不让我感到自豪吗？甚至在完成我的本职工作时，我也会觉得强过别人。于是，他告诫我说千万别忽略自己的本职工作，但他也向我指出，只要有耐心，方法正确，我每天每日都会发现自己在进步，发现自己才思敏捷。他敦促我像他那样，找一个专门负责这项工作的秘书。确实，布封先生一直是要人帮忙的，要人向他提供观察报告、经验、论文等，而他则运用其超强的天赋将它们综合在一起，有一次，我在一个文件夹里夹着的一些废纸巾发现了这类证明。我看到了一篇有关磁铁的论文，他当时正在研究磁铁的问题，那是一位充满活力、知识丰富的年轻人——拉塞佩德伯爵——寄给他的。

　　……布封先生说得很有道理，他有一大堆的事情要让助手们去做，否则他会被压得喘不过气来。那就甭想达到自己的目的了。他告诉我说，在他工作紧张繁忙的时期，他有一间专门的房间，里面放满了文件夹，工作完成之后，便将它们全部付之一炬。他的话增强了我的决心，绝不求教书本，而是从自己本身寻找一切，只有实在想不出的时候，再去翻书。再有，即使看书，他也建议我只看自然史、历史和游记类的书籍。他说得非常对，大部分人都缺少天赋才智，因为他们没有能力也没有耐心高屋建瓴地去看待事物；他们从太低的地方出发，而一切都应该存在于源头的。当你了解了人类的自然史，然后，又了解了民族的自然史的时候，你就会毫不费力地发现这个民族的风俗习惯是什么样的，它的法律又是什么样的。这样，你几乎就能了解到它的整个文明史，而且，你还会通过将它们联系起来的方式更容易地发现并判断它的法律，或者是同它的宪法联系起来，或者是同一件件的大事联系起来。

　　布封先生还对我说："对第一部分我并不担心您什么；对于'普遍的道德'，您肯定写起来游刃有余，只要怀着一颗正直的心和深邃而正确的思想去写就足够了；但是，问题是当遇上一大堆理不清的机构与法律的时候，就得花大力气了，要拿出自己全部的勇气来才行。"我随即便忍不住向他提出了一个挺棘手的问题："那么宗教问题呢，先生？我将如何处理呢？"他回答我说："有不少的方法可以如实说来，您将会发现这是一个特殊的问题，由于民众的关系，您不得不特别尊重宗教，最好是让一小部分的智者理解您，而大部分的人又根本理解不了您。至于我，我会以同等的尊敬对待基督教和伊斯兰教的。"

光荣和希望的谈话就这样进行了好几个小时。我无法从科学与天才赋予我的这个新父亲的怀抱中走出来。但是，最后我还是要离开他了。我们紧紧地长时间地拥抱在一起，我一再地请求他答应我，把他将出版的有关自然哲学的众多著作提供给我，在他的余生中让我得以怀着儿子般的勤奋去研究它们。

以上就是我所了解的布封先生的所有一切。由于这些详细的情节只有我自己知晓，所以我很高兴而且是怀着某种崇敬的心情，把它们叙述出来。

布封生平创作年表

1707 年 9 月 7 日　生于勃艮第蒙巴尔城，其父母共生有四男二女。幼时接受了其母亲的启蒙教育。

1725 年　获中学毕业文凭。

1726 年　入法学院攻读学士学位。

1728 年　入昂热医学院就读。

1730 年　与三个好友遍游法国南部地区以及瑞士和意大利。

1733 年　在法国科学院任助理研究员，发表有关森林学的报告，并翻译了英国学者的植物学论著和牛顿的《微积分》。

1735 年　翻译出版了英国植物学家赫尔斯的《植物生理与空气分析》，并写了序言。

1736 年 3 月 3 日　在科学院宣读了《皮革鞣制实验》。

1737 年 2 月 27 日　在科学院宣读了《木质层偏心度原因初探》；5 月 25 日，在科学院杂志上发表了《植物冬害后果观察报告》。

1738 年 3 月 8 日　在科学院宣读《增强树木的坚韧、力量与持久性的简便方法》。

1739 年 3 月 8 日　晋升为植物学副研究员；7 月 26 日，被任命为皇家花园总管和御书房总管。

1740 年　发表译著《流数术及其无尽的连续性》（牛顿著），并写了序言；作为数学家被任命为英国皇家协会成员。

1744 年　构思一部关于一般自然史和特殊自然史的著作；被任命为科学院财务总管。

1748 年 12 月　《学者报》宣布他准备撰写一部自然史的详细计划。

1749 年　与他人合作出版了《自然史：一般自然史和特殊自然史》的前三卷。

1752 年　与贵族家庭出身的女子玛丽—弗朗索瓦兹　德　圣伯林结婚。

1753 年　《自然史》第四卷出版；被选为法兰西学院院士，成为"四十位不朽者之一"。

1755 年　《自然史》第五卷出版。

1756 年　《自然史》第六卷出版。

1758 年 5 月　女儿诞生；《自然史》第七卷面世。

1759 年 10 月　女儿夭折。

1760 年　《自然史》第八卷出版。

1761 年　《自然史》第九卷发行。

1763 年　《自然史》第十卷面世。

1764 年　《自然史》第十一卷和第十二卷相继面世；其子布封奈诞生。

1765 年　《自然史》第十三卷面世。

1766 年　《自然史》第十四卷面世。

1767 年　《自然史》第十五卷面世。

1770—1783 年　与他人合作出版了九卷《鸟类》。

1783—1788 年　与他人合作出版《矿物》，共五卷。

1788 年 4 月 16 日　布封逝世，享年 81 岁。

附录：生物分类小知识

生物分类是生物研究的一种基本方法。生物分类主要是根据生物的相似程度，将生物划分为不同的等级，并对每一类群的形态结构和生理功能等特征进行科学的描述，以弄清不同类群之间的亲缘关系和进化关系。

近代生物分类学诞生于 18 世纪，它的奠基人是瑞典植物学者林奈（Carl von Linne, 1707—1778）。林奈为生物分类学解决了两个关键问题：第一是建立了双名制，每一物种都给以一个学名，由两个拉丁化名词所组成，第一个代表属名，第二个代表种名。第二是确立了阶元系统，林奈把自然界分为植物、动物和矿物三界，在动植物界下，又设有纲、目、属、种四个级别，从而确立了分类的阶元系统。林奈在 1753 年出版的《植物种志》和 1758 年第 10 版的《自然系统》中首次将阶元系统应用于植物和动物。这两部经典著作，标志着近代生物分类学的诞生。1859 年，达尔文的《物种起源》在分类学中开始贯彻进化思想，明确了分类研究在于探索生物之间的亲缘关系，使分类系统成为生物系谱，生物系统分类学由此诞生。

生物分类系统主要包括七个主要级别：种、属、科、目、纲、门、界。随着研究的发展，分类层次不断增加，单元上下可以附加次生单元，如亚 X（次 X），如华南虎亚种，或者总 X（超 X），如鸟类总目等。

	注释	以华人为例
界 (Kingdom)	界的分类始终存在争议，目前，国内普遍使用五界法，即动物界、植物界、真菌界、原生生物界、原核生物界，国外主张再加入病毒界或称无细胞结构生物界。	动物界
门 (Phylum)		脊椎动物门
纲 (Class)		哺乳纲
目 (Order)		灵长目
科 (Family)	前，同科的定义是：有产生后代（无论是否可育）的可能性（即使只是理论可能性），例如老虎和狮子可以生出狮虎兽，同属猫科。	人科
属 (Genus)		直立智人属
种 (Species)	种在国内生物教科书上的定义为：不存在生殖隔离的生物个体的集合，生殖隔离是指能够产生可育后代，例如白种人和黄种人可以交配并产生可育后代，所以属同一个种。再如，马和驴可以交配并生下骡子，但是骡子没有生殖能力，所以马和驴是不同种但是同科。	晚期智人种黄色人亚种

关于这方面的解释，请参考：陈阅增主编，《普通生物学》（第二版），高等教育出版社，2005 年。

图书在版编目（ＣＩＰ）数据

自然史 / (法) 布封著 ; 陈筱卿译. -- 北京 : 北京联合出版公司 , 2016.8（2024.4 重印）

ISBN 978-7-5502-8043-4

Ⅰ.①自… Ⅱ.①布… ②陈… Ⅲ.①自然科学史—世界 Ⅳ.① N091

中国版本图书馆 CIP 数据核字 (2016) 第 148080 号

自然史

作　　者：[法] 布　封
译　　者：陈筱卿
出 品 人：赵红仕
责任编辑：李　征
封面设计：杨祎妹

北京联合出版公司出版
（北京市西城区德外大街83号楼9层 100088）
北京新华先锋出版科技有限公司发行
北京雁林吉兆印刷有限公司印刷　新华书店经销
字数136千字　787毫米×1092毫米　1/16　13印张
2016年8月第1版　2024年4月第4次印刷
ISBN 978-7-5502-8043-4
定价：39.80元